U0179593

Spring Boot企业级应用开发实战教程

主　编　张　磊　宋　洁　张建军

副主编　杨清永　王　刚　隋秀丽　乔富强

参　编　纪美仑　赵　旭

ZHEJIANG UNIVERSITY PRESS
浙江大学出版社
·杭州·

图书在版编目（CIP）数据

Spring Boot企业级应用开发实战教程 / 张磊，宋洁，
张建军主编 . — 杭州 : 浙江大学出版社，2024.1
　ISBN 978-7-308-24031-4

　Ⅰ . ①S… Ⅱ . ①张… ②宋… ③张… Ⅲ . ①JAVA语
言－程序设计－教材 Ⅳ . ①TP312.8

中国国家版本馆CIP数据核字（2023）第127667号

Spring Boot企业级应用开发实战教程
Spring Boot QIYEJI YINGYONG KAIFA SHIZHAN JIAOCHENG

主编　张　磊　宋　洁　张建军

责任编辑	吴昌雷
责任校对	王　波
封面设计	周　灵
出版发行	浙江大学出版社
	（杭州市天目山路148号　邮政编码310007）
	（网址 : http://www.zjupress.com）
排　　版	杭州晨特广告有限公司
印　　刷	杭州宏雅印刷有限公司
开　　本	787mm×1092mm　1/16
印　　张	17.25
字　　数	409千
版 印 次	2024年1月第1版　2024年1月第1次印刷
书　　号	ISBN 978-7-308-24031-4
定　　价	52.00元

前　言

党的二十大报告提出,建设现代化产业体系,坚持把发展经济的着力点放在实体经济上,推进新型工业化,加快建设制造强国、质量强国、航天强国、交通强国、网络强国、数字中国。实施产业基础再造工程和重大技术装备攻关工程,支持专精特新企业发展,推动制造业高端化、智能化、绿色化发展。巩固优势产业领先地位,在关系安全发展的领域加快补齐短板,提升战略性资源供应保障能力。推动战略性新兴产业融合集群发展,构建新一代信息技术、人工智能、生物技术、新能源、新材料、高端装备、绿色环保等一批新的增长引擎。构建优质高效的服务业新体系,推动现代服务业同先进制造业、现代农业深度融合。加快发展物联网,建设高效顺畅的流通体系,降低物流成本。加快发展数字经济,促进数字经济和实体经济深度融合,打造具有国际竞争力的数字产业集群。优化基础设施布局、结构、功能和系统集成,构建现代化基础设施体系。

由此可见,新一代信息技术、人工智能等新技术应用于企业发展已经上升到了国家发展战略的高度。许多高校在培养学生上,为了缩短学生所学知识与企业所需技能之间的差距,陆续开展了企业级应用开发等相关课程,而在企业级应用开发中Spring框架占了举足轻重的地位。

Spring框架自诞生以来一直备受开发者青睐,有人亲切地称之为:Spring全家桶。它包括Spring MVC、Spring Boot、Spring Cloud、Spring Cloud Dataflow等解决方案。很多研发人员把Spring看作心目中最好的Java项目,没有之一。

Spring Boot作为Spring家族的明星产品,一出世就受到了广泛的关注。Spring作为这座森林里的"森林之王",除了对自家的技术给予了无缝链接的支持外,对其他优秀的技术,也是抱着开放的态度,支持各种优秀的开源技术主动向Spring Boot靠拢。

本教材共12章,主要内容包括:

第1章　Maven的配置与使用

介绍Maven工具的配置与使用,包括下载,安装与配置,以及如何使用Maven原型创建Java web工程和Maven的常用命令等。

第2章　Spring Boot 快速入门

主要介绍什么是Spring Boot框架,如何构建第一个Spring Boot应用,打包和运行的方法,如何实现设置热部署以及如何实现Restful风格的API。

第3章　Spring Boot核心配置与常用注解

主要讲解关于Spring Boot的常用注解和使用SLF4J实现日志处理记录。

第4章　Spring Boot模板引擎

主要介绍 Spring Boot 如何集成 thymeleaf 模板和 freemaker 模板,并详细介绍 thymeleaf 的语法规则,内置对象,迭代循环等知识点。

第5章　Spring Boot数据访问

详细讲解 Spring Boot Data 如何整合 MyBatis 和 JPA,还通过案例综合讲解 Driud 连接池的配置方法。

第6章　Spring Boot实现Web的常用功能

主要介绍 Spring Boot 整合 Java Web 三大组件(Servlet、Filter、Listener),整合 JSP,如何使用拦截器和如何打包和运行部署等。

第7章　上传下载和导入导出

详细介绍项目开发中比较常用的上传、下载、导入、导出功能的实现过程。

第8章　Spring Boot安全管理

介绍 Spring Security 安全框架,Spring Security 的配置和使用,讲解什么是 Shiro,以及详细演示 Spring Boot 整合 Shiro 配置过程和使用方法。

第9章　Spring Boot消息服务

主要讲解消息中间件的基本概念和工作原理,Spring Boot 和 ActiveMQ 整合、Spring Boot 和 RabbitMQ 的整合和常用的工作模式。

第10章　Spring Boot任务管理

主要介绍 Spring Boot 整合异步任务的实现,整合定时任务的实现和整合邮件任务的实现,以及 Spring Boot 整合 quartz 实现定时任务。

第11章　高级应用扩展和JMeter压力测试

讲解配置基于 Swagger3 接口文档和测试方法,介绍使用 zxing 生成二维码功能,如何处理跨域请求问题,JMeter 压力测试工具的使用和 IDEA 常用实用插件的安装和使用。

第12章　项目实战——航班信息管理系统

通过一个航班信息管理系统的综合案例系统地讲解了 Spring Boot 的开发构建前后端分离系统的一些最佳实践。

本教材适用于各种层次的 Java 开发人员,尤其对希望学习 Spring Boot 和 Spring Cloud 并将其作为基于企业级应用开发的程序员来说是十分有用的,进而帮助他们深入理解设计模式,以及微服务体系结构等的常见开发方式,并可将本书中的示例结合自己的项目加以使用。

此外,教材还提供了相应的示例代码、教学 PPT、教学大纲、自测试卷等资源,以帮助读者进一步理解相关方案的实现过程。

本教程采用图文设计,章节独立,可作为高等院校计算机及相关专业的教材和教学参考书,也可作为相关开发人员的自学教材和参考手册。

鉴于作者水平有限,书中难免出现错误,请求读者指正。任何意见或建议,可发送邮件至 xiaolei-zhl@163.com,我们将竭诚为您服务。

Java 领路人

目　录

第1章

Maven 的配置与使用

在开发中经常需要加载依赖很多第三方的包,而包与包之间存在依赖关系,版本间也还有兼容性等问题,有时还要将旧的包升级或降级,因此当项目复杂到一定程度时包管理变得非常重要。

Maven 的出现对于团队的管理、项目的构建,都是一种质的飞跃。

本章将详细讲解 Maven 的配置与使用。

本章要点(在学会的前面打钩)

□ 了解什么是 Maven

□ 了解什么是自动化构建工具

□ 掌握 Maven 的下载,安装与配置

□ 掌握 Intellij IDEA 环境下使用创建 Maven 项目

□ 掌握 Maven 的常用命令

1.1 什么是 Maven

Maven 这个单词的本义是:专家,内行。读音是['meɪv(ə)n]或['mevn],就是"霉文",而不是读"马文"。

Maven 是 Apache 的一个顶级开源项目,它的出现越来越多地影响着现在众多开源项目。不仅如此,很多公司的新项目都采用 Maven 提倡的方式进行管理。Maven 正逐渐侵入我们原先的管理项目的习惯。

什么是 Maven? 你只需要知道它能简化和标准化项目建设过程。

1.1.1 Maven概述

Maven 提供给开发人员构建一个完整的生命周期框架,开发人员可以自动完成项目的基础架构建设。

Maven 主要目的在于服务基于 Java 平台的项目构建、依赖管理和项目信息管理,减少开

发人员对于重复代码的开发时间。

Maven项目对象模型POM(Project Object Model),是可以通过一小段描述信息来管理项目的构建以及报告和文档的项目管理工具,是Java项目中不可缺少的工具。

POM与Java代码实现了解耦,当需要升级版本时,只需要修改POM,而不需要更改Java代码,而在POM稳定后,日常对Java代码开发基本不涉及POM的修改。

总之一句话,Maven是一款自动化构建工具,专注服务于Java平台的项目构建和依赖管理。

1.1.2　Maven的目标

在没有Maven的情况下,在项目开发过程中,我们会面临许多问题,如:

(1)如果使用框架技术,需要在每个项目中添加一组jar文件,还必须包括jar的所有依赖项。

(2)必须创建正确的项目结构,否则将无法执行。

(3)必须构建和部署项目才能正常运行。

Maven是提供给开发人员的,Maven项目的结构和内容是在一个pom.xml文件中声明,pom.xml是整个Maven系统的基本单元。

1.1.3　Maven主要功能

(1)提供了一套标准化的项目原型结构。

(2)提供了一套标准化的构建流程,包括编译、测试、打包、发布等。

(3)提供了一套依赖管理机制。

1.1.4　Maven的理念

"约定优于配置"

开发人员不需要创建构建过程本身,不必知道提到的每一个配置的详细信息。Maven提供了合理的默认行为的项目。

创建一个Maven项目时,Maven创建默认的项目结构。开发者只需要把相应的文件和其他需要在pom.xml中定义即可。

1.2　Maven的下载与配置

1.2.1　Maven的下载

输入网址http://maven.apache.org/download.cgi,在Maven的官网即可下载,截至本教材写

作之时当前最新版本为3.8.4,如图1-1所示。

	Link	Checksums	Signature
Binary tar.gz archive	apache-maven-3.8.4-bin.tar.gz	apache-maven-3.8.4-bin.tar.gz.sha512	apache-maven-3.8.4-bin.tar.gz.asc
Binary zip archive	apache-maven-3.8.4-bin.zip	apache-maven-3.8.4-bin.zip.sha512	apache-maven-3.8.4-bin.zip.asc
Source tar.gz archive	apache-maven-3.8.4-src.tar.gz	apache-maven-3.8.4-src.tar.gz.sha512	apache-maven-3.8.4-src.tar.gz.asc
Source zip archive	apache-maven-3.8.4-src.zip	apache-maven-3.8.4-src.zip.sha512	apache-maven-3.8.4-src.zip.asc

图1-1 Maven下载

下载后解压即可,本教材解压到D盘根目录下,解压后目录结构如图1-2所示。

新加卷 (D:) › apache-maven-3.8.4 ›			
名称 ^	修改日期	类型	大小
bin	2021-11-14 9:12	文件夹	
boot	2021-11-14 9:12	文件夹	
conf	2021-11-14 9:12	文件夹	
lib	2021-11-14 9:12	文件夹	
LICENSE	2021-11-14 9:12	文件	18 KB
NOTICE	2021-11-14 9:12	文件	6 KB
README.txt	2021-11-14 9:12	文本文档	3 KB

图1-2 Maven解压后目录结构

1.2.2 Maven常用配置

提示:在配置之前请确认JDK是否安装好,建议安装JDK 1.8以上版本。

第一步:添加环境变量,变量名为MAVEN_HOME,变量值对应Maven的解压目录即可,如图1-3所示。

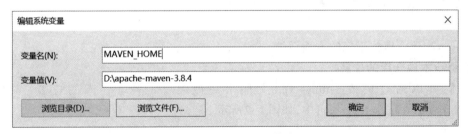

图1-3 添加Maven环境变量

第二步:编辑Path环境变量,如图1-4所示。

图1-4 编辑环境变量

1.2.3 验证Maven

使用Windows+R快捷键,输入CMD,打开控制台,输入mvn -v命令,它将显示Maven和

JDK 的版本，包括 Maven home 和 Java home，如图 1-5 所示。

```
C:\WINDOWS\system32\cmd.exe                                               —    □    ×
C:\Users\isoft_zhang>mvn -v
Apache Maven 3.8.4 (9b656c72d54e5bacbed989b64718c159fe39b537)
Maven home: D:\apache-maven-3.8.4
Java version: 1.8.0_191, vendor: Oracle Corporation, runtime: C:\Program Files\Java\jdk1.8.0_191\jre
Default locale: zh_CN, platform encoding: GBK
OS name: "windows 10", version: "10.0", arch: "amd64", family: "windows"

C:\Users\isoft_zhang>
```

图 1-5　验证 Maven 安装

1.3　关于 Maven 仓库

Maven 仓库是带有 pom.xml 文件的打包 JAR 文件的目录，Maven 在仓库中搜索依赖项。

Maven 仓库有 3 种类型，按以下顺序搜索依赖项：本地仓库->中央仓库->远程仓库，如图 1-6 所示。

图 1-6　Maven 仓库的搜索顺序

如果在这些仓库中未找到依赖项，则 Maven 会停止处理并引发错误。

1.3.1　Maven 本地仓库

Maven 本地仓库位于您的本地系统。

1.更新本地仓库的位置

我们可以通过更改 settings.xml 文件来更改 Maven 本地仓库的位置。它位于 MAVEN_HOME/conf/settings.xml 中，如图 1-7 所示。

名称	修改日期	类型
新加卷 (D:) › apache-maven-3.8.4 › conf		
logging	2021-11-14 9:12	文件夹
settings.xml	2021-11-14 9:12	XML 文档
toolchains.xml	2021-11-14 9:12	XML 文档

图 1-7　settings.xml 文件位置

在解压目录下新建 repository 文件夹（可以放到任意位置），修改 setting.xml 文件，在 <localRepository> 标签内添加自己的本地仓库位置路径如下：

```
1   <!-- localRepository
2   Default: ${user.home}/.m2/repository
3   <localRepository>/path/to/local/repo</localRepository>
4   -->
5   <!--设置本地仓库路径,以后的包都会下载到本目录下-->
6   <localRepository>D:\apache-maven-3.8.4\repository</localRepository>
```

将本地仓库的路径设为 D:\apache-maven-3.8.4\repository。localRepository 位置千万别放错,应放到注释的外面。

2.修改 maven 默认的 JDK 版本

在<profiles>标签下添加一个<profile>标签,修改 Maven 默认的 JDK 版本。

```
1   <profile>
2       <id>jdk-1.8</id>
3       <activation>
4           <activeByDefault>true</activeByDefault>
5           <jdk>1.8</jdk>
6       </activation>
7       <!—添加如下三行,注意加的位置-->
8       <properties>
9           <maven.compiler.source>1.8</maven.compiler.source>
10          <maven.compiler.target>1.8</maven.compiler.target>
11          <maven.compiler.compilerVersion>1.8</maven.compiler.compilerVersion>
12      </properties>
13  </profile>
```

3.添加国内镜像源

修改 settings.xml 文件,在<mirrors>标签下添加<mirror>,添加国内阿里云镜像库,这样下载 jar 包的速度会很快,如果没有配置就会默认去国外中央仓库下载,默认的中央仓库有时候网络甚至是连接不通的。具体配置查看配套源码资源 setting.xml 文件。

```
1   <!-- 阿里云仓库 -->
2   <mirror>
3       <id>alimaven</id>
4       <mirrorOf>central</mirrorOf>
5       <name>aliyun maven</name>
6       <url>http://maven.aliyun.com/nexus/content/repositories/central/</url>
7   </mirror>
```

1.3.2　Maven中央仓库

Maven中央仓库位于Web上。它是由Apache Maven社区本身创建的。

中央仓库的路径为：http://repo1.maven.org/maven2/。

中央仓库包含许多通用库，可通过(http://search.maven.org/#browse)搜索。

1.3.3　Maven远程仓库

Maven远程仓库位于Web上。中央仓库中可能缺少很多库，因此我们需要在pom.xml文件中定义远程仓库。

您可以从Maven官方网站(http://mvnrepository.com)中搜索任何仓库。

1.4　了解pom.xml

POM是项目对象模型(Project Object Model)的首字母缩写。pom.xml文件包含项目信息和Maven用于构建项目的配置信息，例如依赖项、构建目录、源目录、测试源目录、插件、目标等。

项目执行过程Maven读取pom.xml文件，然后执行目标。

1.4.1　简单的pom.xml文件元素

创建简单的pom.xml文件，需要具有如表1-1所示的元素。

表1-1　简单的pom.xml文件需具有的元素

元素	说明
project	它是pom.xml文件的根元素。
modelVersion	这是项目的子元素。它指定了modelVersion。应该将其设置为4.0.0。
groupId	这是项目的子元素。它指定了项目组ID。
artifactId	它是项目的子元素。它指定工件(项目ID)。工件是项目产生或使用的东西。Maven为项目生成的工件示例包括：jar、源和二进制发行版以及war。
version	它是项目的子元素。它指定工件的版本。

1.4.2　pom.xml文件带有的其他元素

pom.xml文件带有的其他元素如表1-2所示。

表 1-2　pom.xml 文件带有的其他元素

元素	说明
packaging	定义了 jar、war 等包装类型。
name	定义 Maven 项目的名称。
url	定义项目的网址。
dependencies	定义此项目的依赖项。
dependency	定义依赖项,在依赖项内部使用。
scope	定义此 Maven 项目的范围。它可以被编译,提供,运行时,测试和系统。

1.5　使用 Maven 命令创建项目

如果使用 Maven 创建一个简单的 Java 项目,只需打开命令提示符,并运行 mvn 工具的 archetype:generate 命令即可。

1.5.1　生成项目体系结构的语法命令

用于生成项目体系结构语法命令的示例如下:

```
1   mvn archetype:generate -DgroupId=com.isoft -DartifactId=
2   MavenGenerator -DarchetypeArtifactId=maven-archetype-quickstart
3   -DinteractiveMode=false
```

注意:在这里 MavenGenerator 是项目名称,项目名称尽量不用写中文,我们使用 maven-archetype-quickstart 创建简单的 Maven 核心项目。如果使用 maven-archetype-webapp,将生成一个简单的 Maven Web 应用程序。打开目录结构看一看吧。

1.5.2　生成的目录结构

使用上述命令创建了一个具有以下目录文件的简单 Java 项目,主要包含以下 3 个文件:pom.xml,App.java 和 AppTest.java。

1.5.3　编译 Maven Java 项目

要编译项目,请转到项目根目录,例如: C:\Users\XXX\MavenGenerator,然后在命令提示符下输入以下命令:

```
1  mvn clean compile
```

1.5.4   运行 Maven Java 项目

要运行项目，请转到项目目录\target\classes，例如：C:\Users\XXX\MavenGenerator\target\classes，然后在命令提示符下输入以下命令：

```
1  java com.isoft.App
```

现在，将在命令提示符下看到有 Hello World 输出。

1.6   Intellij IDEA 下配置 Maven

目前常用的开发工具如 Intellij IDEA、Eclipse 都自身集成了某个版本的 Maven。但是我们通常使用自己已经配置好的 Maven。

1.6.1   Intellij IDEA 下配置 Maven

Intellij IDEA 下配置 Maven 的设置如图 1-8、1-9 所示。

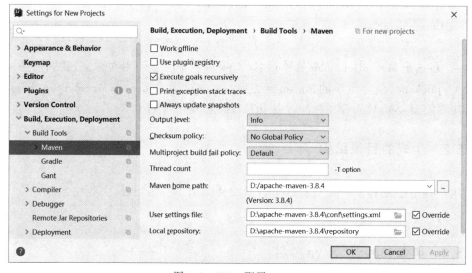

图 1-8   IDEA 配置 Maven

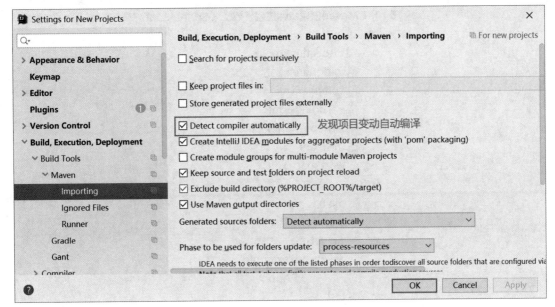

图 1-9　发现项目变动设置

Detect compiler automatically（不同版本显示不同）：进行项目变动设置，表示 IntelliJ IDEA 会实时监控项目的 pom.xml 文件，建议勾选。当修改 pom 文件时，Maven 就能帮我们自动导包了。

1.6.2　Maven 项目 pom 结构

使用 Maven 原型（archetype）新创建一个的普通的 Java 项目（见图 1-10），它的目录结构默认如图 1-11 所示。

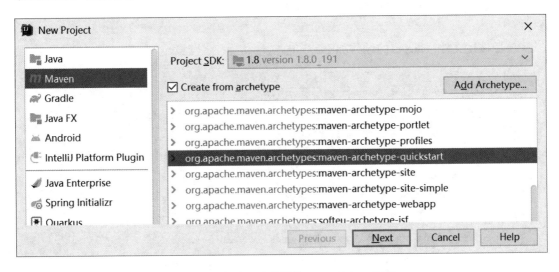

图 1-10　创建一个普通的 Java Maven 项目

图 1-11　Maven Java 项目的标准目录结构

专家提醒

　　Maven生成所有的目录结构都是约定好的标准结构，我们不要随意修改目录结构，使用标准结构不需要做任何配置，就可以正常使用。

　　项目描述文件pom.xml的结构如下：

```
1   <?xml version="1.0" encoding="UTF-8"?>
2   <project>
3     <modelVersion>4.0.0</modelVersion>
4     <groupId>org.example</groupId>
5     <artifactId>Chart_01</artifactId>
6     <version>1.0-SNAPSHOT</version>
7     <name>Chart_01</name>
8     <!-- FIXME change it to the project's website -->
9     <url>http://www.example.com</url>
10  <properties>
11    <project.build.sourceEncoding>UTF-8</project.build.sourceEncoding>
12    <maven.compiler.source>1.8</maven.compiler.source>
```

```
13      <maven.compiler.target>1.8</maven.compiler.target>
14  </properties>
15  <dependencies>
16      <dependency>
17          <groupId>junit</groupId>
18          <artifactId>junit</artifactId>
19          <version>4.11</version>
20          <scope>test</scope>
21      </dependency>
22  </dependencies>
23  </project>
```

pom.xml的依赖节点描述如表1-3所示。

表1-3　pom.xml的依赖节点描述

节点	描述
groupId	这是工程组的标识,它在一个组织或者项目中通常是唯一的。
artifactId	这是工程的标识,它通常是工程的名称。
version	这是工程的版本号,在artifact 的仓库中,它用来区分不同的版本。

专家讲解

　　添加或修改<dependency>一个依赖后,Maven就会自动下载这个依赖包并把它放到classpath 中。

1.7　使用Maven创建Java Web 工程

新建工程,步骤如图1-12、图1-13、图1-14所示。

图1-12　创建 Maven　Java　Web工程

图1-13　设置工程名称和存储路径

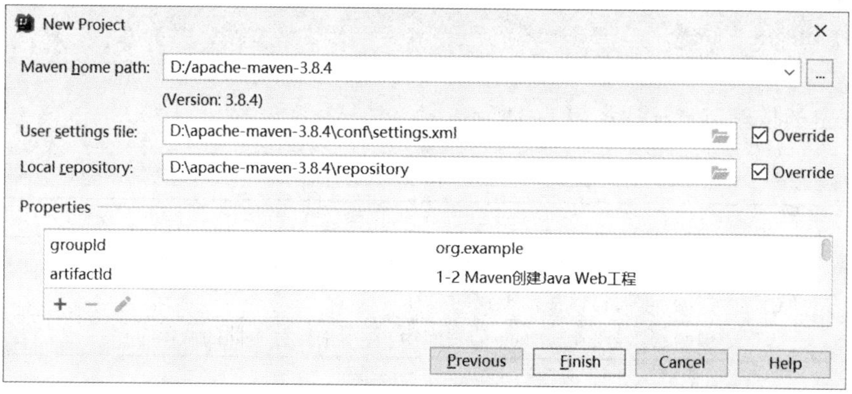

图1-14　配置本地Maven仓库

创建工程后可自己补全目录,并进行标注,如图1-15所示。

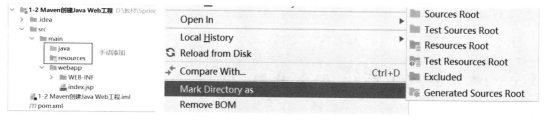

图1-15　标注补全目录结构

在IntelliJ IDEA中可以对文件夹进行标记:

1.Sources roots

通过将文件夹加入这种类别,来告诉IntelliJ IDEA,这个文件夹和它的子文件夹中包含源码,在构建工程时,需要作为一部分被编译进去。

2.Test Sources root

这个类型的文件夹也用于存放源码,不过是测试的源码,比如单元测试。test source文件夹可以帮助你将测试代码和产品代码分离开。

3.Resources root

该类文件夹用于存放你的应用中需要用到的资源文件,如:图片、xml或者properties配置文件等。

4.Test Resources root

用于存放测试源码中关联的资源文件。除此之外,和 resource 文件夹没有区别。

1.8 Maven 插件(plugins)

1.8.1 Maven 常用命令及其功能

Maven 常用命令及其功能如表 1-4 所示。

表 1-4 Maven 常用命令功能描述

序号	命令名称	功能
1	validate	验证项目的正确性以及包含所有必要的信息
2	compile	编译源码
3	test	编译和运行测试代码
4	package	把编译好的源码打成包,如 jar
5	verify	运行任何检查,验证包是否有效且达到质量标准
6	install	把项目安装到本地仓库中去,作为本地其他项目的依赖
7	deploy	把最终的包拷贝到远程仓库上和其他开发者和项目分享
8	clean	清空生成的文件

1.8.2 常用命令使用场景举例

(1)compile 编译,生成 target 目录,如图 1-16 所示。

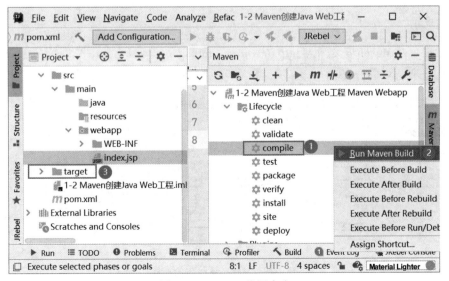

图 1-16 compile 编译命令

（2）clean 清理缓存，清除编译后目录，默认是 target 目录，如图 1-17 所示。

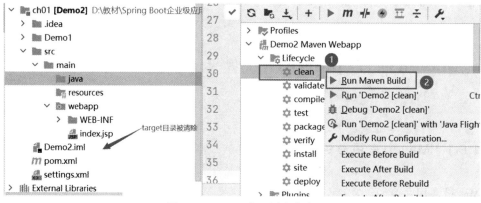

图 1-17 clean 清理缓存命令

（3）package 打包，在 target 目录下生成 war 包，如图 1-18 所示。

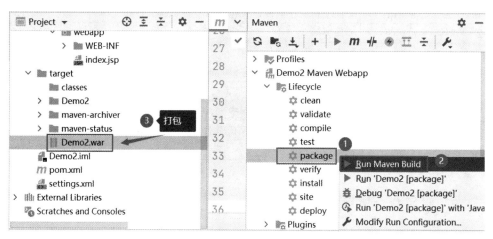

图 1-18 package 打包命令

专家提示

您可以从 Maven 官方网站 http://mvnrepository.com（远程仓库）中搜索任何 jar 包，请收藏本网址。如图 1-19 所示。

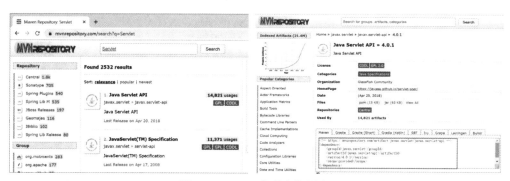

图 1-19 Maven 依赖包资源库

本章小结

Maven 是一个功能强大的项目管理工具,它基于 POM(项目对象模型)。它用于项目构建,依赖关系和文档。

理想的项目构建是高度自动化、跨平台、可重用的组件、标准化的,使用 Maven 可以帮我们完成项目构建过程。

本章主要讲解 Apache Maven 技术的基本概念和高级概念,包括 Maven 的下载安装,配置过程,以及讲解如何使用原型创建 Maven 的 Java 和 Java Web 工程的方法。重点要掌握添加国内镜像配置和 Maven 常用命令的理解等。

> 不要依靠巧合编程,我们必须弄懂程序为何能够这样运行。初期,虽然代码修改修改就跑通了,但是我们自己也不知道是什么原因,这种代码在用于线上时风险特别大,它可能就是个巧合,可能不是真的在工作。
>
> ——Java 领路人

经典面试题

1.什么是 Maven?

2.如何安装配置 Maven?

3.如何使用命令创建 Maven Java Web 工程?

4.如何在 IDEA 环境下创建 Maven Web 应用程序?

5.什么是项目对象模型(POM)?

上机练习

1.下载、配置 Maven,添加环境变量,在控制台输出版本号。

2.配置本地仓库路径与远程仓库的镜像。

3.请在 Intellij IDEA 环境下使用 Maven 原型新建一个普通的 Java 项目,补全目录并标注,编写输出 HelloWorld 程序,使用 package 命令打成 jar 包和使用 Java 命令输出结果。

4.请在 Intellij IDEA 环境下使用 Maven 原型新建一个 Java Web 项目,补全目录并标注,要求在 index.jsp 页面上输出服务器系统时间,使用 package 命令打成 war 包,并部署到 Tomcat 9.0 服务器上运行。

5.自行查阅资料,使用 Intellij IDEA 安装和使用 Maven Helper 插件的方法。

第2章

Spring Boot 快速入门

开发项目过程中,如果一个项目仅仅需要发送一个邮件或者是生成一个积分,我们都要项目配置这样那样折腾一遍,显然非常烦琐!

但是如果使用 Spring Boot 呢? 很简单,只需非常少的几个配置就可以迅速地搭建起一套项目或者是构建一个微服务。

使用 Spring Boot 到底有多爽,后面的章节给大家详细介绍。

本章要点(在学会的前面打钩)
☐ 认识 Spring Boot 框架
☐ 学会构建第一个 Spring Boot 应用
☐ 掌握如何实现设置热部署
☐ 掌握监控配置方法
☐ 掌握 Restful 风格的 API 的实现
☐ 了解 Spring Boot 对 JSON 的封装

2.1 认识 Spring Boot

Spring Boot 是由 Pivotal 团队提供的基于 Spring 的全新框架,其设计目的是简化 Spring 应用的初始搭建和开发过程。它采用特定的方式进行配置,从而使开发者无需编写大量的样板化的 XML 配置。

从最根本上来讲,Spring Boot 就是一些库的集合,就是一个大容器,它能够被任意项目的构建系统所使用。Spring Boot 在原有 Spring 的框架基础上封装了一层,并且集成了一些类库,用于简化开发。

通过这种方式,Spring Boot 可致力于在蓬勃发展的快速应用开发领域成为领导者。

2.1.1　为什么要用 Spring Boot

　　Spring 框架非常优秀,它的唯一缺点就是"配置过多",尤其是搭建项目时需要进行大量的配置,而 Spring Boot 的出现,就是为了解决这个问题。

　　Spring Boot 为绝大部分第三方框架的快速整合提供了自动配置。Spring Boot 使用"约定优先于配置(CoC,Convention over Configuration)"的理念,针对企业应用开发各种场景提供了对应的 Starter,开发者只要将该 Starter 添加到项目的类加载路径中,该 Starter 即可完成第三方框架的整合。

　　Spring Boot 包含以下几个特性:

　　(1)默认提供了大部分框架的使用方式,方便进行快速集成;

　　(2)Spring Boot 应用可以独立运行,符合微服务的开发理念;

　　(3)Spring Boot 内置 Web 容器,无需部署 War 包即可运行;

　　(4)提供了各种生产就绪型功能,如指标、健康检查和外部配置;

　　(5)Spring Boot 通过网站提供了项目模板,方便项目的初始化。

　　通过以上这些优秀的特性,Spring Boot 可以帮助我们非常简单、快速地构建起我们的项目,并能够非常方便地进行后续开发、测试和部署。

　　Spring Boot 官方推荐使用 Maven 或 Gradle 来构建项目,本教材编写采用 Maven 构建,版本使用的是 2.6.4。推荐使用国内的 Spring Initializr 创建,镜像网址:https://start.springboot.io,如图 2-1 所示。

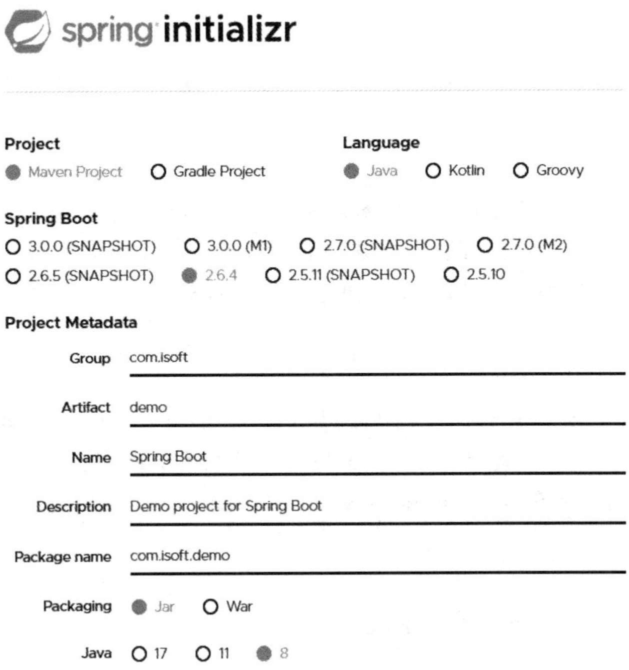

图 2-1　Spring Initializr 镜像

Spring Boot 的名字也暗示了它的作用,Spring Boot 直译就是"启动 Spring",因此它的主要功能就是为 Spring 及第三方框架的快速启动提供自动配置。Spring Boot 同样不属于功能型矿机,当 Spring 及第三方框架整合起来之后,Spring Boot 的责任也就完成了,在实际开发中发挥功能的依然是以前那些框架和技术。

2.1.2 Spring Boot 和微服务的区别

（1）Spring Boot 不是微服务技术。

（2）Spring Boot 只是一个用于加速开发 Spring 应用的基础框架,只为简化配置工作。若开发单模块应用也很适合。

（3）如果要直接基于 Spring Boot 做微服务,需要自己开发很多微服务的基础设施,比如基于 zookeeper 来实现服务注册和发现。

（4）Spring Cloud 才是微服务技术。

2.2 创建 Spring Boot 入门程序

2.2.1 开发环境准备

1.JDK 环境

JDK 版本建议使用 JDK 1.8 以上。

2.项目构建工具

在进行 Spring Boot 项目构建和案例演示时,为了方便管理,我们选择官方支持并且最常用的项目构建工具 Maven 进行项目管理。

3.开发工具

目前 Java 项目支持的常用工具包括 Spring Tool Suite(STS)、Eclipse 和 IntelliJ IDEA 等。其中 IntelliJ IDEA 是近几年较为流行,且评价非常高的一款集成开发环境(IDE)。

本教材使用 IntelliJ IDEA Ultimate(旗舰版)开发的 Spring Boot 应用。

专家讲解

Intellij IDEA 工具分两个版本,分别是 Ultimate 旗舰版和 Community 社区版,区别如下:

1.Ultimate 版:收费,功能丰富,主要支持 Web 开发和企业级开发。

2.Community 版:免费,功能有限,主要支持 JVM 和 Android 开发。

2.2.2 使用 Spring Initializr 构建

在第 1 章中,主要通过 Maven Archetype 来快速生成 Java Web 项目,项目原型相对简陋,对各种 IDE 的支持也不太友好。通过 Spring 官方提供的 Spring Initializr 来构建 Maven 项目，它不仅完美支持 Intellij IDEA，而且能自动生成启动类和单元测试代码，给开发人员带来极大的便利。

现在我们就使用 Intellij IDEA 工具来创建一个 Spring Boot 工程，具体步骤如下：

第一步 在 IDEA 环境中选择 File->New->Project->Spring Initializr->点击 Next，如图 2-2 所示。

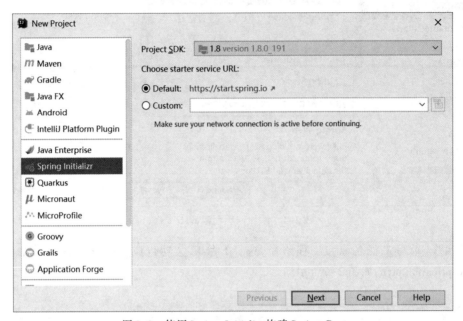

图 2-2 使用 Spring Initializr 构建 Spring Boot

第二步 填写组信息（代表包），工程名称，打包类型选择 Jar，点击 Next，如图 2-3 所示。

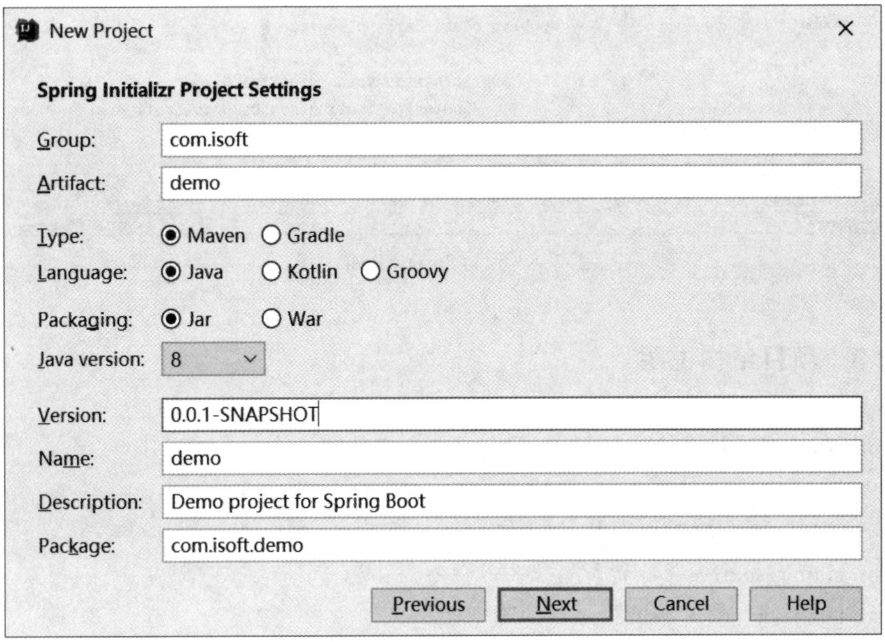

图 2-3 添加项目信息

第三步 选取依赖,如果建立Web工程,这里选择Spring Web依赖,点击Next,如图2-4所示。

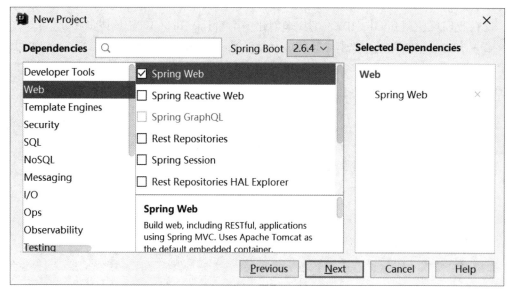

图2-4 添加依赖创建Web工程

第四步 填写工程名称和工程路径,选择Finish,大功告成！打开工程目录结构,运行DemoApplication.java,如图2-5所示。

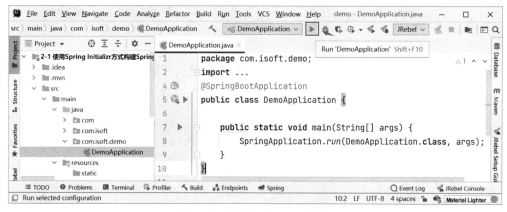

图2-5 运行Spring Boot工程

2.2.3 项目结构说明

Spring Boot的项目结构比较简单,只包含3个文件夹:

1. src/main/java 放置程序开发代码
2. src/main/resources 放置配置文件
3. src/test/java 放置测试程序代码

而在其下,包含以下主要文件:

(1)DemoApplication.java:应用启动类,包含 MAIN 方法,是程序的入口;

(2)application.properties:一个空配置文件,可以配置数据源等信息;

(3)DemoApplicationTests.java:一个简单的单元测试类;

(4)pom.xml:Maven 的配置文件。

2.3 Spring Boot 配置热部署

开发项目过程中为了测试代码需要频繁地重启项目,势必会浪费很多时间,有了Spring Boot热部署后则不需要再频繁重新启动项目了,这样能大大提高开发效率。

Spring Boot 提供了一个名为 spring-boot-devtools 的模块来使应用支持热部署,提高开发者的开发效率,无需手动重启 Spring Boot 应用,修改之后可以实时生效。

第一步 在工程 pom.xml 文件中添加 spring-boot-devtools 依赖。

```
1  <!—Spring Boot热部署配置 -->
2  <dependency>
3      <groupId>org.springframework.boot</groupId>
4      <artifactId>spring-boot-devtools</artifactId>
5      <version>2.6.4</version>
6  </dependency>
```

第二步 修改 build 标签下的 spring-boot-maven-plugin 的 fork 属性为 true。

```
   <plugin>
1      <groupId>org.springframework.boot</groupId>
2      <artifactId>spring-boot-maven-plugin</artifactId>
3      <configuration>
4          <fork>true</fork>
5      </configuration>
6  </plugin>
```

第三步 application.properties 文件添加配置。

```
1  #配置热部署
2  spring.devtools.restart.enabled=true
```

第四步 设置自动编译。

选择 File->Settings->搜索 Compliler->勾选 Build project automatically,如图 2-6 所示。

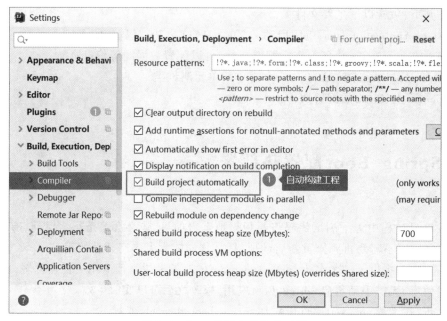

图2-6　IDEA设置自动构建工程

第五步　按住 Ctrl+Shift+Alt+/快捷键->点击 Registry...->勾选 compiler.automake.allow. when.app.running后关闭即可,如图2-7所示。

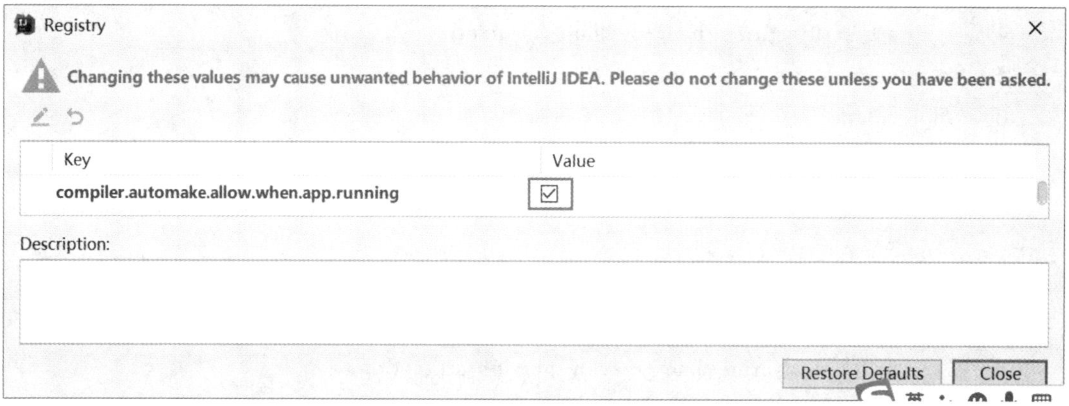

图2-7　允许运行时自动编译

通过以上步骤,就完成了Spring Boot项目的热部署功能,自己运行测试一下吧!

2.4　Spring Boot Actuator配置

在生产环境中,需要实时或定期监控服务的可用性。Spring Boot 提供了一个用于监控和管理自身应用信息的模块 Spring Boot Actuator(监控),可以帮助你监控和管理Spring Boot应用,比如健康检查、审计、统计和HTTP追踪等。它就是spring-boot-starter-actuator。该模块使用起来非常简单,只需加入依赖即可,代码如下所示:

```
1    <dependency>
2       <groupId>org.springframework.boot</groupId>
3       <artifactId>spring-boot-starter-actuator</artifactId>
4    </dependency>
```

在 application.properties 添加监控配置信息:

```
1    #开启暴露所有的站点信息
2    management.endpoints.web.exposure.include=*
3    #显示健康具体信息
4    management.endpoint.health.show-details=always
```

所有的端点都以默认的路径 http://localhost:8080/actuator 开始,输入网址查看所有端点信息,如图 2-8 所示。

图 2-8 查看所有站点信息

如果查看健康信息,输入 http://localhost:8080/actuator/health,如图 2-9 所示。

图 2-9 显示健康信息状态

提示:"UP"就是安全健康的,"DOWN"就是有问题的。

2.5 修改 Spring Boot 默认启动界面

每次运行 Spring Boot 项目时,就会有一个很大的 Spring 的 logo,时间长了会看腻的,对于图 2-10 是不是很想改一下?

图 2-10 Spring Boot 默认启动界面

2.5.1 关闭 Spring Boot 启动 banner

如果只是想单纯关闭 Spring Boot 开启 Spring 的 banner 图标,通过在运行方法里设置 setBannerMode(Banner.Mode.OFF) 即可关闭,参考代码如下。

```
1   @SpringBootApplication
2   public class DemoApplication {
3       public static void main(String[] args) {
4       SpringApplication app = new SpringApplication(DemoApplication.class);
5       app.setBannerMode(Banner.Mode.OFF); //关闭启动 Banner
6   //  app.setBannerMode(Banner.Mode.CONSOLE); //输出 Banner 到控制台
7   //  app.setBannerMode(Banner.Mode.LOG); //输出 Banner 到日志中
8       }
```

2.5.2 定制 Spring Boot 启动 banner

(1)在 resources 下创建 banner.txt 文档,与 application.properties(.yml)同级。
(2)打开 banner.txt 文件写入以下文字,运行项目即可生效,如图 2-11 所示。

```
1  +-+ +-+-+-+-+ +-+-+-+-+-+-+ +-+-+-+-+
2  |I| |l|o|v|e| |S|p|r|i|n|g| |B|o|o|t|
3  +-+ +-+-+-+-+ +-+-+-+-+-+-+ +-+-+-+-+
4  ${AnsiColor.BRIGHT_RED}
5  设置控制台中输出内容的颜色:{AnsiColor.BRIGHT_RED}
6  Spring Boot的版本号:${spring-boot.version}
7  Spring Boot格式化后的版本号:${spring-boot.formatted-version}
8  ${AnsiColor.BRIGHT_BLACK}
```

图2-11 修改banner内容

专家讲解

　　自己编写banner肯定会耗费很多时间,而且做得不美观,推荐一个免费的banner生成器的网站,生成后复制粘贴即可。https://www.bootschool.net/ascii

在banner.txt中,还可以进行一些其他设置,如直接添加如下配置:

```
1. 设置控制台中输出内容的颜色:{AnsiColor.BRIGHT_RED}
2. Spring Boot的版本号:${spring-boot.version}
3. Spring Boot格式化后的版本号:${spring-boot.formatted-version}
```

然后开启banner:

```
1  //输出Banner到控制台
2  app.setBannerMode(Banner.Mode.CONSOLE);
```

运行效果如图2-12所示。

```
+-+ +-+-+-+-+ +-+-+-+-+-+-+ +-+-+-+-+
|I| |l|o|v|e| |S|p|r|i|n|g| |B|o|o|t|
+-+ +-+-+-+-+ +-+-+-+-+-+-+ +-+-+-+-+
```

```
设置控制台中输出内容的颜色:{AnsiColor.BRIGHT_RED}
Spring Boot的版本号:2.6.4
Spring Boot格式化后的版本号: (v2.6.4)
```

图2-12 修改过的Spring Boot启动界面

2.6　IDEA 编码配置

新建项目后,我们一般都需要进行配置编码,这点非常重要,很多初学者都会忘记这一步,所以要养成良好的习惯。

在 IDEA 中,仍然是打开 File->settings->搜索 encoding,配置一下本地的编码信息,如图 2-13 所示。

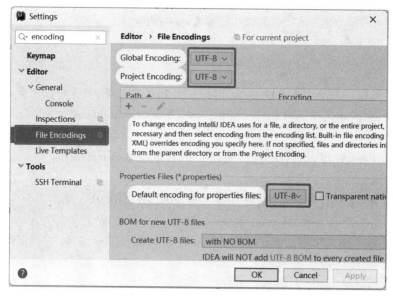

图 2-13　IDEA 设置编码格式

2.7　Spring Boot 对 Json 的处理

在项目开发中,接口与接口之间,前后端之间数据的传输都使用 Json 格式。在 Spring Boot 中,接口返回 Json 格式的数据很简单,在 Controller 中使用@RestController 注解即可返回 Json 格式的数据,@RestController 也是 Spring Boot 新增的一个注解,我们点进去看一下该注解都包含了哪些东西。

```
1  @Target({ElementType.TYPE})
2  @Retention(RetentionPolicy.RUNTIME)
3  @Documented
4  @Controller
5  @ResponseBody
```

```
6   public @interface RestController {
7       String value() default "";
8       }
9   }
```

简要介绍一下：@RestController 是@Controller和@ResponseBody的组合功能。

2.7.1 Spring Boot对Json默认的处理

在实际项目中，常用的数据结构有类对象、List对象、Map对象，我们看一下使用默认的jackson包对这三个常用的数据结构转成Json后的格式如何：

第一步 创建User实体类，参考代码如下：

```
1   public class User {
2       private Long id;
3       private String username;
4       private String password;
5       /* 省略get、set和带参构造方法 */
6   }
```

第二步 创建Controller类，编写方法分别返回User、List和Map对象的方法，参考代码如下：

```
1   @RestController
2   @RequestMapping("/json")
3   public class JsonController {
4       @RequestMapping("/user")
5       public User getUser() {
6           return new User(1, "老张", "123456");
7       }
8
9       @RequestMapping("/list")
10      public List<User> getUserList() {
11          List<User> userList = new ArrayList<>();
12          User user1 = new User(1, "老张", "123456");
13          User user2 = new User(2, "老王", "123456");
14          userList.add(user1);
15          userList.add(user2);
16          return userList;
17      }
```

```
18
19        @RequestMapping("/map")
20        public Map<String, Object> getMap() {
21            Map<String, Object> map = new HashMap<>(3);
22            User user = new User(1, "老张", "123456");
23            map.put("作者信息", user);
24            map.put("博客地址", "http://blog.xxxx.com");
25            map.put("公司官网", "http://www.xxxx.com");
26            map.put("粉丝数量", 1000);
27            return map;
28        }
29    }
```

2.7.2 测试Json返回结果

写好了接口,分别返回了一个User对象、一个List集合和一个Map集合,其中Map集合中的value存的是不同的数据类型。接下来我们依次来测试一下Json返回结果:

在浏览器中输入:localhost:8080/json/user,返回Json如下:

```
1    {"id":1,"username":"老张","password":"123456"}
```

在浏览器中输入:localhost:8080/json/list,返回Json如下:

```
1    [{"id":1,"username":"老张","password":"123456"},{"id":2,"username":"老王",
     "password":"123456"}]
```

在浏览器中输入:localhost:8080/json/map,返回Jon如下:

```
1    {"作者信息":{"id":1,"username":"老张","password":"123456"},"公司官网":
     "http://www.xxxx.com","粉丝数量":1000,"博客地址":"http://blog.xxxx.com"}
```

提示:前后端分离的项目中,后端接口都是返回Json格式数据的。

2.8 综合案例:实现RESTful风格的API

第一步 新建Spring Boot工程,新建com.isoft.controller包,移动DemoApplication.java文件到com.isoft包,项目工程目录结构如图2-14所示。

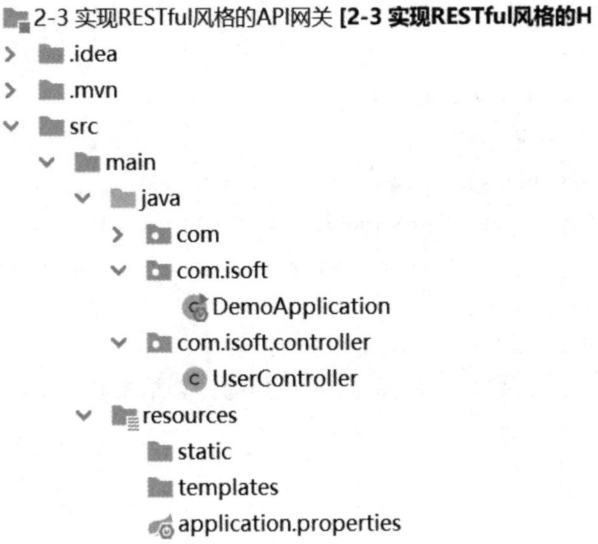

```
2-3 实现RESTful风格的API网关 [2-3 实现RESTful风格的H
> .idea
> .mvn
v src
  v main
    v java
      > com
      v com.isoft
          DemoApplication
      v com.isoft.controller
          UserController
    v resources
        static
        templates
        application.properties
```

图 2-14 工程目录结构

第二步 新建 UserController.java 控制器,编写路由接口,参考代码如下:

```
1  @RestController//能够使项目支持 Rest
2  @RequestMapping("/springboot")
3  public class UserController {
4      @RequestMapping(value = "/{name}", method = RequestMethod.GET)
5      public String sayWorld(@PathVariable("name") String name) {
6          return "Hello " + name;
7      }
8  }
```

第三步 在 application.properties 文件中添加如下配置,参考代码如下:

```
1  server.port=8088  #设置 Web 访问端口,默认 8080
2  debug=true    #开启调试模式
```

第四步 执行 DemoApplication.java 启动类,打开浏览器,输入 http://localhost:8088/springboot/World,如图 2-15 所示。

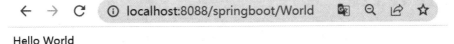

Hello World

图 2-15 RESTful风格接口输出结果

知识扩展:如何添加多个路径参数呢? 想要完成 2 个数相加该如何修改呢,下面看一下如下变化:

```
1   @RestController
2   @RequestMapping("/springboot")
3   public class UserController {
4       @RequestMapping(value = "/{name}", method = RequestMethod.GET)
5       public String add(@PathVariable("name") String name,
6                       @PathParam("number1") double number1, @PathParam("number2")
7   double number2) {
8           double sum = number1 + number2;
9           return "您好，" + name + ",您的计算结果是" + sum;
10      }
11  }
```

测试结果如图 2-16 所示。

您好，张三，您的计算结果是30.0

图 2-16　RESTful 风格接口多参数输出结果

本章小结

　　本章首先对 Spring Boot 概念和特点进行了介绍,让读者快速了解 Spring Boot 框架的优势以及学习的必要性;然后通过使用 Spring Initializr 构建 Spring Boot 项目入门程序让读者快速体验到 Spring Boot 项目开发的便捷;其次讲解了 Spring Boot 项目中经常用到的热部署配置和设置监控,最后通过一个简单的案例实现了 RESTful 风格的 API 和了解对 Json 数据的封装和使用。

　　通过本章的学习,大家应该对 Spring Boot 有一个初步认识了,为后续深入学习 Spring Boot 做好了铺垫。

　　把注释多多写在代码里,而不是随便写在代码之外,不然过一段时间你自己都不知道这些注释是做什么的。

——Java 领路人

经典面试题

1.什么是Spring Boot?

2.Spring、Spring MVC和Spring Boot有什么区别?

3.Spring Boot需要独立的运行容器吗?

4.Spring Boot如何配置实现热部署?

5.什么是Spring Boot自动配置?

上机练习

1.使用Spring Initializr构建一个Spring Boot项目,并添加Web依赖。

2.使用Intellij IDEA配置实现热部署和监控配置。

3.使用硬编码(不需要操作数据库)实现RESTful风格登录、注册功能接口,并进行测试。

第3章

Spring Boot核心配置与常用注解

上一章带领大家初步了解了如何使用Spring Boot搭建和配置过程,通过Spring Boot和传统的Spring MVC架构的对比,我们清晰地发现Spring Boot能使我们的代码更加简单,结构更加清晰。

这一章,将带领大家更加深入地认识Spring Boot配置和注解的使用,最后通过一个使用日志处理的案例演示Spring Boot的优势所在。学完本章后,相信你可以搭建基于Spring Boot更加复杂的系统框架了。

本章要点(在学会的前面打钩)
□ 熟练掌握yaml/properties配置文件的使用
□ 掌握使用Profile多环境支持配置
□ 掌握Spring Boot框架中常用注解
□ 掌握使用Spring Boot配置FastJson引擎
□ 掌握使用Spring Boot使用SLF4J进行日志处理

3.1 yaml/properties 文件配置

Spring Boot使用一个全局的配置文件application.properties,配置文件的作用是修改Spring Boot自动配置的默认值,因为Spring Boot在底层都自动配置完成,所以Spring Boot核心配置文件名称是固定的,为application,但有两种文件格式类型:

1.application.properties
语法结构:key=value
2.application.yml(官方推荐)
语法结构:key: value　　重要提醒:key冒号与value之间这里有空格

专家讲解

　　YAML的意思是："Yet Another Markup Language"（仍是一种标记语言），这种语言以数据作为中心，而不是以标记语言为重点！

　　yaml的语法要求非常严格，编写时应注意以下几点：

　　1.空格不能省略。

　　2.以缩进来控制层级关系，只要是左边对齐的一列数据都是同一个层级的，跟Python语法相似。

　　3.属性和值的大小写都敏感。

　　4.单引号与双引号有区别：

　　a)" "双引号，不会转义字符串里面的特殊字符，特殊字符会作为本身想表示的意思；比如 :name:"zhang\n san"输出:zhang 换行 san

　　b)' '单引号，会转义特殊字符，特殊字符最终会变成和普通字符一样输出比如：name: 'zhang \n san' 输出:shang \n san

　　整个 Spring Boot 项目只有一个配置文件，那就是 application.yml（properties），Spring Boot 在启动时，就会从 application.yml 中读取配置信息，并加载到内存中。上一章中我们只是粗略地列举了几个配置项，其实 Spring Boot 的配置项是有很多的，表3-1是实际项目中常用的配置项。

表3-1　Spring Boot常用配置项

序号	配置项	举例

1	server.port	#定义应用程序启动端口为8080
		server.port=8080

2	server.servlet.context-path	#应用程序上下文 server.servlet.context-path=/api #访问地址为:http://ip:port/api

3	spring.servlet.multipart,
	maxFileSize
		#最大文件上传大小,-1为不限制
		spring.servlet.multipart.maxFileSize=-1

4	spring.jpa.database	#指定数据库为mysql
		spring.jpa.database=MYSQL

5	spring. jpa. properties. hibernate. dialect	#hql方言 spring. jpa. properties. hibernate. dialect=org. hibernate. dialect. MySQL5Dialect
6	spring.datasource.url	#数据库连接字符串 spring. datasource. url=jdbc: mysql://localhost: 3306 / database? useUnicode=true&characterEncoding=UTF-8&useSSL= true&serverTimezone=UTC

7	spring.datasource.username	#设置连接数据库用户名
		spring.datasource.username=root

8	spring.datasource.password	#设置连接数据库密码
		spring.datasource.password=root

续表

序号	配置项	举例

9	spring.datasource. driverClassName	#数据库驱动,8.0 和 5.0 有区别
		spring.datasource.driverClassName=com.mysql.cj.jdbc.Driver

10	spring.jpa.showSql	#控制台是否打印 SQL 语句
		spring.jpa.showSql=true

下面是我从事某个项目的 application.yml 全局配置文件内容:

```
1   server:
2     port: 8080    #应用程序启动端口
3     servlet:
4       context-path: /api   #应用程序上下文
5     tomcat:
6         basedir: /data/tmp #tomcat基本项目路径
7         connection-timeout: 5000 #连接超时时长
8         uri-encoding: utf-8
9         max-connections: 1000 #最大连接数
10  spring:
11    profiles:
12      active: dev #指定开发环境
13    servlet:
14      multipart:
15        maxFileSize: -1 #最大文件上传大小,-1为不限制
16    datasource:
17      url: jdbc:mysql://localhost:3306/database?characterEncoding=UTF-8&
18  serverTimezone=UTC #数据库连接字符串
19      username: root #数据库用户名
20      password: root #数据库密码
21      driverClassName: com.mysql.cj.jdbc.Driver #数据库驱动
22    jpa:
23      database: MYSQL #数据库类型
24      showSql: true #控制台是否打印 SQL 语句
25      hibernate:
26        namingStrategy: org.hibernate.cfg.ImprovedNamingStrategy
27      properties:
28        hibernate:
29          dialect: org.hibernate.dialect.MySQL5Dialect #hql方言
30        mybatis:
```

```
31          configuration:
32              map-underscore-to-camel-case: true #配置项:开启下划线到驼峰的
33   自动转换
```

以上列举了常用的配置项,所有配置项信息都可以在官网中找到,本教材就不一一列举了。

下面给大家提供一个可以快速将properties和yaml文件进行转换的插件Convert YAML and Properties File插件,如图3-1所示。

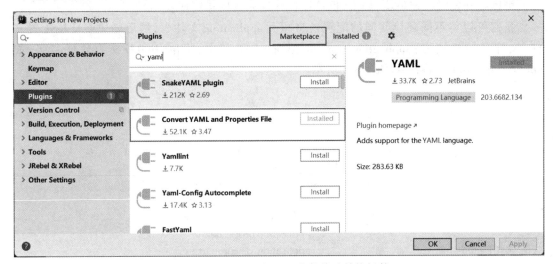

图3-1 properties和yaml文件快速转换插件

找到配置文件,右键,转换一下试试吧!

3.2 使用Profile配置多环境支持

在开发一个系统过程中,可能会遇到这样一个问题:开发时使用开发环境,测试时使用测试环境,上线时使用生产环境。每个环境的配置都可能不一样,比如开发环境的数据库是本地地址,而测试环境的数据库是服务器地址等,那我们如何生成不同环境的包呢?

解决方案有很多:

(1)每次编译之前手动把所有配置信息修改成当前运行的环境信息。这种方式导致每次都需要修改,相当麻烦,也容易出错。

(2)利用Maven,在pom.xml里配置多个环境,每次编译之前将settings.xml里面修改成当前要编译的环境ID。这种方式会事先设置好所有环境,缺点就是每次也需要手动指定环境,如果环境指定错误,发布时是不知道的。

(3)下面第三种方案就是本文重点介绍的,也是强烈推荐的使用方式,通过全局配置文件方式实现。

方法是在 application.yml 里面添加如下内容：

```
1   spring:
2     profiles:
3       # dev:开发环境 | test:测试环境 |  prod:生产环境
4       active: dev
```

含义是指定当前项目的默认环境为 dev，即项目启动时如果不指定任何环境，Spring Boot 会自动从 dev 环境文件中读取配置信息。

可以在开发时指定环境，如上，也可以在开发完成后指定环境，如下：

我们可以将不同环境共同的配置信息写到 application 文件中，然后创建多环境配置文件，文件名的格式为：application-{profile}.properties，其中，将 {profile} 替换为环境名字，如 application-prod.properties，如图 3-2 所示。

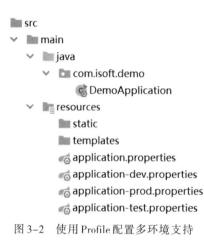

图 3-2　使用 Profile 配置多环境支持

application.properties 公共信息配置文件，参考代码如下：

```
1   server.servlet.context-path=/web
```

application-dev.properties 开发环境配置文件，参考代码如下：

```
1   server.port=8081
```

application-prod.properties 生产环境配置文件，参考代码如下：

```
1   server.port=8082
```

application-test.properties 测试环境配置文件，参考代码如下：

```
1   server.port=8083
```

这样,我们就实现了多环境的配置,每次编译打包我们无需修改任何东西,如使用mvn package编译为jar文件(从target中可以找到)后,控制台运行如下命令即可启动:

进入编译后目录,控制台执行如下命令:

```
1  >java -jar demo-0.0.1-SNAPSHOT.jar --spring.profiles.active=prod
```

其中demo-0.0.1-SNAPSHOT.jar是本项目打成的jar包,--spring.profiles.active=就是我们要指定的环境,可以更换为dev,test,prod。

专家讲解

同一目录环境下,如果有application.yml文件,也有application.properties文件,则application.properties优先级更高,会优先执行。

3.3 Spring Boot的常用注解

Spring Boot主要采用注解的方式进行配置,在第2章的入门示例中,也用到了几个注解。本章将详细介绍在实际项目中常用的注解。

3.3.1 @SpringBootApplication

我们需要在启动的主类中加入此注解,告诉Spring Boot,这个类是程序的入口。需要注意的是,本启动类需要放置在最外层。

```
1  @SpringBootApplication
2  public class SpringBootDemoApplication {
3      public static void main(String[] args) {
4          SpringApplication.run(SpringBootDemo02Application.class, args);
5      }
6  }
```

我们查看一下SpringBootApplication的源码:

```
1  package org.springframework.boot.autoconfigure;
2  @java.lang.annotation.Target({java.lang.annotation.ElementType.TYPE})
3  @java.lang.annotation.Retention(java.lang.annotation.RetentionPolicy.RUN
4  TIME)
5  @java.lang.annotation.Documented
6  @java.lang.annotation.Inherited
```

```
7    @org.springframework.boot.SpringBootConfiguration
8    @org.springframework.boot.autoconfigure.EnableAutoConfiguration
9    @org.springframework.context.annotation.ComponentScan({里面内容略})
10   public @interface SpringBootApplication {
11   //内容较多略
12   }
```

在这个注解类上有 3 个注解,如下:

```
1    @org.springframework.boot.SpringBootConfiguration
2    @org.springframework.boot.autoconfigure.EnableAutoConfiguration
3    @org.springframework.context.annotation.ComponentScan(…)
```

因此,我们可以用这三个注解代替@SpringBootApplication,如:

```
1    //@SpringBootApplication
2    //下面三个注解,可以用上面一个注解代替
3    @SpringBootConfiguration
4    @ComponentScan
5    @EnableAutoConfiguration
6    public class SpringBootDemo02Application {
7        public static void main(String[] args) {
8            SpringApplication.run(SpringBootDemo02Application.class, args);
9        }
10   }
```

@SpringBootApplication 开启了 Spring 的组件扫描和 Spring Boot 的自动配置功能,相当于将以下三个注解组合在了一起。

(1)@Configuration:该类使用基于 Java 的配置,将此类作为配置类。

(2)@ComponentScan:启用注解扫描。

(3)@EnableAutoConfiguration:开启 Spring Boot 的自动配置功能。

3.3.2　@Configuration

@Configuration 底层是含有@Component,所以@Configuration 包含@Component 的作用。

@Configuration 可理解为用 spring 的时候 xml 里面的<beans>标签。

@Configuration 注解可以达到在 Spring 中使用 xml 配置文件的作用。

如果加入了本注解的类被认为 Spring Boot 的配置类。我们除了可以在 application.yml 设置一些配置,也可以通过代码设置配置。如果我们要通过代码设置配置,就必须在这个类

上标注 Configuration 注解。

```
1  //@SpringBootConfiguration    与下面注解功能相同
2  @Configuration
3  public class WebConfig extends WebMvcConfigurationSupport {
4      @Override
5      protected void addInterceptors(InterceptorRegistry registry) {
6          super.addInterceptors(registry);
7      }
8  }
```

专家提醒

Spring Boot 官方推荐 Spring Boot 项目用@SpringBootConfiguration 来代替@Configuration。

3.3.3　@Bean

本注解是方法级别上的注解,添加在@Configuration 或 @SpringBootConfiguration 注解的类内,有时也可以添加在@Component注解的类,它的作用是定义一个 Bean。

```
1  @Configuration
2  public class AppConfig {
3      @Bean // 生成 TransferService 实例
4      public TransferService transferService() {
5          return new TransferServiceImpl();
6      }
7  }
```

这个配置就等同于在xml里的配置:

```
1  <beans>
2      <bean id="transferService" class="com.isoft.TransferServiceImpl"/>
3  </beans>
```

我们可以在 AppConfig 里面注入其他 Bean,也可以在其他 Bean 注入这个类。

3.3.4　@Value

如果我们需要定义一些全局变量,想到的第一个方法是定义一个 public static 变量,并在需要时调用,是否有其他更好的方法呢? 答案是肯定的。

```
1  @RestController
2  public class MyController {
3      @Value("${server.port}")    //application.yml中的端口配置变量
4      String port;
5      @RequestMapping("/hello")
6      public String home(String name) {
7          return "hi " + name + ",i am from port:" + port;
8      }
9  }
```

运行结果如图 3-3 所示。

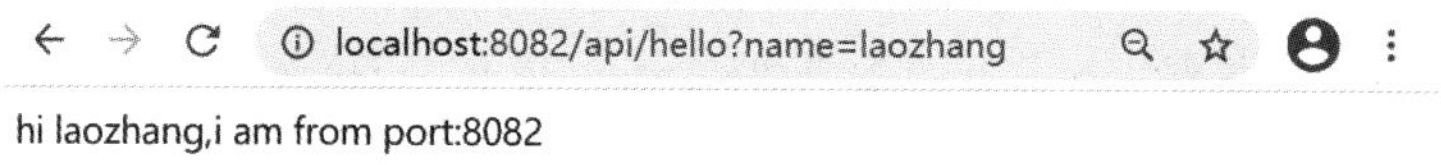

图 3-3　@Value 读取全局变量测试结果

其中,server.port 就是我们在 application.yml 里面定义的属性,我们可以自定义任意属性名,通过@Value 注解就可以将其取出来。

专家讲解

1. 定义在配置文件里,变量发生变化,无需修改代码。
2. 变量交给 Spring 来管理,性能更好。

3.3.5　@ExceptionHandler

我们在 Controller 里提供的接口,通常需要异常捕捉,并进行友好提示。最简单的做法就是每个方法都使用 try、catch 进行捕捉,报错后,则在 catch 里面设置友好的报错提示。但如果需要方法很多,每个都需要 try、catch,代码会显得臃肿,写起来也比较麻烦。

如何提供一个公共的入口进行统一的异常处理? 我们通过 Spring 的 AOP 特性就可以很方便地实现异常的统一处理。实现方法很简单,只需要在 Controller 控制器类添加以下代码即可。

```
1  @RestController
2  public class MyController {
3      @RequestMapping("/hello")
4      public String home(String name) {
5          System.out.println(5/0);// 出现除数不能为零异常
6          return "hi " + name + ",i am from port:" + port;
7      }
8
```

```
9  @ExceptionHandler
10 public String doError(Exception ex) throws Exception {
11        ex.printStackTrace();
12        return ex.getMessage();
13     }
14 }
```

其中,在doError方法上加入@ExceptionHandler注解即可,调用路由接口时如果发生异常则会自动调用该方法,测试结果如图3-4所示。

图3-4 测试@ExceptionHandler结果

3.4 Controller层(控制层)注解

3.4.1 @RestController

@RestController是@Controller和@ResponseBody的结合,作用在类上,返回Json格式数据。

如果一个类被加上@RestController注解,数据接口中就不再需要添加@ResponseBody,使代码更加简洁。

3.4.2 @RequestMapping

如我们需要明确请求方式可以使用@RequestMapping(value="",method= RequestMethod.GET)。这样写又会显得比较烦琐,为了代码的更加简洁,于是就有了如下的几个注解最佳实践,如表3.2所示。

表3.2 @RequestMapping最佳实践

序号	普通风格	RESTful风格
1	@RequestMapping(value="",method = RequestMethod.GET)	@GetMapping(value =""),将 HTTP GET 请求映射到特定的处理程序方法
2	@RequestMapping(value="",method = RequestMethod.POST)	@PostMapping(value =""),将 HTTP POST 请求映射到特定的处理程序方法
3	@RequestMapping(value="",method = RequestMethod.PUT)	@PutMapping,和@PostMapping没太大区别,一般更新或修改数据用

续表

序号	普通风格	RESTful风格
4	@RequestMapping(value="",method = RequestMethod.DELETE)	@DeleteMapping(value =""),用于删除数据时使用

3.4.3 @CrossOrigin

若想实现跨域访问需在 Controller 上使用@CrossOrigin 注解,这在前后端分离项目中是一定要加上的。

```
1  @RestController
2  @RequestMapping("/user")
3  @CrossOrigin //所有域名均可访问该类下所有接口
4  //@CrossOrigin("http://www.baidu.com") // 只有指定域名可以访问该类下所有接口
5
6  public class UserController {
7      //很多接口
8  }
```

3.5 Service层(服务层)注解

3.5.1 @Service

@Service注解用于类上,标记当前类是一个Service类,加上该注解会将当前类自动注入spring容器中。

```
1  @Service(value = "userService")
2  public class UserService {
3  }
```

@Service注解作用:

(1)其 getBean 的默认名称是类名,且头字母小写。也可以使用@Service("xxxx")来指定实例名称。

(2)其定义的bean默认是单例的,可以使用@Service("beanName")和@Scope("prototype")来改变。

(3)可以通过@PostConstruct和@PreDestroy指定初始化方法和销毁方法(方法名任意)。

3.5.2　@Resource

@Resource和@Autowired一样都可以用来装配bean,都可以标注在字段上。@Resource注解不是Spring提供的,是属于Java EE规范的注解。

```
1    public class UserController {
2        @Resource
3        Userservice userService;
4    }
```

专家提示

　　两者区别就是匹配注入方式上的不同,@Resource默认按照名称方式进行bean匹配注入,@Autowired默认按照类型方式进行bean匹配注入。

3.6　DAO层(数据访问层)注解

3.6.1　@Repository

@Repository(value="userDao")注解是让Spring创建一个名字叫"userDao"的UserDaoImpl实例。

```
1    @Repository(value="userDao")
2    public class UserDaoImpl{
3    }
```

当Service层需要使用Spring创建的名字叫"userDao"的UserDaoImpl实例时,就可以使用@Resource(name="userDao")注解把创建好的userDao注入给Service。

3.6.2　@Transactional

@Transactional注解可以声明事务,该注解可以添加在类上或者方法上。在Spring boot中不用再单独配置事务管理了。

```
1    @Transactional //添加Spring JDBC依赖
2    public void insertUser() {
```

```
3        User  user  =  new  User("laozhang");
4        userMapper.insertOneUser(user);              //向数据库插入一条记录
5   throw new RuntimeException("发生异常");        //手动模拟抛出异常
6   }
```

虽然@Transactional注解可以作用于接口、接口方法、类以及类方法上,但是 Spring 不建议在接口或者接口方法上使用该注解。

专家讲解

　　总的来看,@Controller,@Service,@Repository,@Component 是 Spring 四大分层注解,注解后可以被 Spring 框架所扫描并注入 Spring 容器来进行管理。@Component 是通用注解,其他三个注解是这个注解的拓展,并且具有了特定的功能。

　　通过这些注解的分层管理,就能将请求处理,义务逻辑处理,数据库操作处理分离出来,为代码解耦,也方便了以后项目的维护和开发。

　　所以在正常开发中,如果能用@Service,@Controller,@Repository 其中一个标注这个类的定位的时候,就不要用@Component 来标注。

3.7　其他相关注解

3.7.1　@Inject

等价于默认的@Autowired,只是没有 required 属性;
如下是@Inject 的使用,不加@Named 注解,需要配置与变量名一致即可。

```
1   @Inject
2   @Named("mongo")
3   private Mongo mongo;
```

3.7.2　@Qualifier

当有多个同一类型的 Bean 时,可以用@Qualifier("name")来指定,与@Autowired 配合使用。

@Qualifier注解能根据名字进行注入,能更细粒度地控制如何选择候选者,具体使用方式如下:

```
1   @Autowired
2   @Qualifier(value = "demoInfoService")
3   private DemoInfoService demoInfoService;
```

3.7.3 @AutoWired

@Autowired 注解有 4 种模式, byName、byType、constructor、autodectect, 其中 @Autowired 注解默认是使用 byType 方式的, byType 是根据属性类型在容器中寻找 bean 类。

```
1   // required =false 表示当没有找到相应 bean 的时候, 系统不会抛错。
2   @Autowired(required = false)
3   NewsService newsService;
```

注入规则如下:

(1)Spring 先去容器中寻找 NewsSevice 类型的 bean(先不扫描 newsService 字段);

(2)若找不到一个 bean, 会抛出异常;

(3)若找到一个 NewsSevice 类型的 bean, 自动匹配, 并把 bean 装配到 newsService 中;

(4)若 NewsService 类型的 bean 有多个, 则扫描后面 newsService 字段进行名字匹配, 匹配成功后将 bean 装配到 newsService 中。

3.7.4 @Import

@Import 的主要功能是用来导入其他配置类。

```
1    @Component
2    @Import({Customer.class,Broker.class})
3    /**
4     *使用 Import 将指定的类的实例注入至 Spring 容器中
5     */
6    public class ImportDirect {
7      @Resource
8    Customer customer;
9
10   @Resource
11   Broker broker;
12   }
```

使用 @Import({Customer.class,Broker.class})后 Customer 和 Broker 类的实例将会被注入 Spring IOC Container 中。

3.7.5 @ImportResource

@ImportResource的作用是用来加载xml配置文件,如:@ImportResource("classpath:beans.xml"),不常用。

```
1  <!-- beans.xml 文件 -->
2  <bean id="hello" class="com.isoft.bean.Hello"/>
3
4  @SpringBootApplication
5  @ImportResource(locations = {"classpath:beans.xml"})
6  public class DemoSpringBootApplication {
7      public static void main(String[] args) {
8          SpringApplication.run(DemoSpringBootApplication.class, args);
9      }
10
11 Class MyController{
12 @Autowired
13 private Hello hello;
14 }
```

3.8　Spring Boot配置FastJson引擎

第2章中Spring Boot中通过@RestController返回的Json字符串默认使用Jackson引擎,但我们可以通过配置更换Json引擎,下面案例将默认的Jackson引擎替换为阿里的FastJSON引擎,实现过程如下:

第一步　添加fastjson依赖,参考代码如下:

```
1  <dependency>
2      <groupId>com.alibaba</groupId>
3      <artifactId>fastjson</artifactId>
4      <version>1.2.79</version>
5  </dependency>
```

第二步　新建WebConfig类并重写configureMessageConverters方法,参考代码如下:

```
1   @SpringBootConfiguration
2   public class WebConfig extends WebMvcConfigurationSupport {
3     //配置FastJSON消息解析器
4     @Override
5     protected void configureMessageConverters(List<HttpMessageConverter<?>>
6   converters) {
7         super.configureMessageConverters(converters);
8         //1.定义一个convert转换消息对象
9         FastJsonHttpMessageConverter converter = new
10        FastJsonHttpMessageConverter();
11        List<MediaType> mediaTypes = new ArrayList<>(16);
12        mediaTypes.add(MediaType.APPLICATION_ATOM_XML);
13        mediaTypes.add(MediaType.APPLICATION_CBOR);
14        mediaTypes.add(MediaType.APPLICATION_FORM_URLENCODED);
15        mediaTypes.add(MediaType.APPLICATION_JSON);
16        mediaTypes.add(MediaType.APPLICATION_OCTET_STREAM);
17        converter.setSupportedMediaTypes(mediaTypes);
18        //4.将convert添加到converters中
19        converters.add(converter);
20        System.out.println("FastJSON配置完成,以后用FastJSON引擎管理JSON了");
21
22  }
```

第三步 编写控制器TestFastJsonController,参考代码如下:

```
1   @RestController
2   public class TestFastJsonController {
3     @RequestMapping(value =
4   "/getJSON",produces="application/json;charset=UTF-8")
5     public List<Map<String,Object>> getJSON(){
6         ArrayList<Map<String, Object>> list = new ArrayList<>();
7         Map<String, Object> map1 = new HashMap<>();
8         map1.put("uname","老张");
9         map1.put("gender","男");
10        map1.put("address","天津市");
11        list.add(map1);
12        Map<String, Object> map2 = new HashMap<>();
13        map2.put("uname","老王");
```

```
14          map2.put("gender","女");
15          map2.put("address","北京市");
16          list.add(map2);
17          return list;
18      }
19 }
```

提示：@RequestMapping(value = "/getJSON",produces="application/json;charset=UTF-8")能够解决中文乱码问题。

第四步　运行测试，输入网址：http://localhost:8080/getJSON，结果如图 3-5 所示。

← → C ⓘ localhost:8080/getJSON

[{"address":"天津市","uname":"老张","gender":"男"},{"address":"北京市","uname":"老王","gender":"女"}]

图 3-5　FastJSON 引擎转换结果

如果控制台打印输出"测试配置 FastJSON 消息转换器"信息则配置成功。

3.9　综合案例：Spring Boot 使用 SLF4J 进行日志记录

在开发中，我们经常使用 System.out.println()来打印一些信息，但是这样不好，因为大量地使用 System.out 会增加资源的消耗。我们在实际项目中是使用 SLF4J 的 logback 来输出日志，效率挺高的。Spring Boot 提供了一套日志系统，logback 是最优的选择。

Spring 框架日志管理默认选择的是 JCL；

Spring Boot 框架日志管理默认选择的是 SLF4j + Logback。

3.9.1　SLF4J 介绍

SLF4J，即简单日志门面（Simple Logging Facade for Java），不是具体的日志解决方案，它只服务于各种各样的日志系统。按照官方的说法，SLF4J 是一个用于日志系统的简单 Facade，允许最终用户在部署其应用时使用其所希望的日志系统。

大概意思是：你只需要按统一的方式写记录日志的代码，而无需关心日志是通过哪个日志系统，以什么风格输出的。因为它们取决于部署项目时绑定的日志系统。例如，在项目中使用了 SLF4J 记录日志，并且绑定了 log4j（即导入相应的依赖），则日志会以 log4j 的风格输出；后期需要改为以 logback 的风格输出日志，只需要将 log4j 替换成 logback 即可，不用修改项目中的代码。

正因为 SLF4J 有如此多的优点，阿里巴巴已经将 SLF4J 作为他们的日志框架了。在《阿里巴巴 Java 开发手册（正式版）》中，日志规约一项第一条就强制要求使用 SLF4J。"强制"两个字体现出了SLF4J的优势,所以建议在实际项目中,使用SLF4J作为自己的日志框架。使用SLF4J记录日志非常简单,直接使用LoggerFactory创建对象即可,如下代码。

```
1  Logger logger = LoggerFactory.getLogger(DemoApplicationTests.class);
```

3.9.2　Spring Boot整合SLF4j进行日志记录

第一步　在application.yml中配置引用日志文件:

```
1  logging:
2     config: logback.xml
```

logging.config是用来指定项目启动的时候,读取哪个配置文件。这里指定的日志配置文件是根路径下的logback.xml文件,以后关于日志的相关配置信息,都放在logback.xml文件中。

第二步　编写logback.xml日志配置文件。

logback.xml文件主要用来做日志的相关配置。在此文件中我们可以定义日志输出的格式、路径、控制台输出格式、文件大小、保存时长等。

(1)定义日志输出格式和存储路径:

```
1  <configuration>
2      <property name="LOG_PATTERN" value="%date{HH:mm:ss.SSS}
3  [%thread] %-5level %logger{36} - %msg%n"/>
4      <property name="FILE_PATH" value="D:/logs/demo.%d{yyyy-MM-dd}.%i.log"
5  </
6  configuration>
```

我们来看一下这个配置的含义:首先定义一个格式,命名为"LOG_PATTERN",该格式中%date表示日期,%thread表示线程名,%-5level表示级别从左显5个字符宽度,%logger{36}表示logger名字最长36个字符,%msg表示日志消息,%n是换行符。

然后又配置了一个名为"FILE_PATH"文件路径,日志都会存储在该路径下。%i表示第i个文件,当日志文件达到指定大小时,会将日志生成到新的文件里,这里的i就是文件索引,日志文件允许设置存储大小,不管是Windows系统还是Linux系统,日志存储的路径必须要是绝对路径。

(2)定义控制台输出:

```
1  <appender name="CONSOLE" class="ch.qos.logback.core.ConsoleAppender">
2      <encoder>
3          <!-- 按照上面配置的LOG_PATTERN来打印日志 -->
```

```
4          <pattern>${LOG_PATTERN}</pattern>
5        </encoder>
6    </appender>
```

设置控制台输出(class="ch.qos.logback.core.ConsoleAppender")的配置,定义名字为"CONSOLE"。使用上面定义好的输出格式(LOG_PATTERN)来输出,使用${}引用进来即可。

(3)定义日志文件的相关参数:

```
1    <appender name="FILE"
2    class="ch.qos.logback.core.rolling.RollingFileAppender">
3      <rollingPolicy
4    class="ch.qos.logback.core.rolling.TimeBasedRollingPolicy">
5          <!-- 按照上面配置的FILE_PATH路径来保存日志 -->
6          <fileNamePattern>${FILE_PATH}</fileNamePattern>
7          <!-- 日志保存15天 -->
8          <maxHistory>15</maxHistory>
9          <timeBasedFileNamingAndTriggeringPolicy
10   class="ch.qos.logback.core.rolling.SizeAndTimeBasedFNATP">
11             <!-- 单个日志文件超过10M,则新建日志文件存储 -->
12             <maxFileSize>10MB</maxFileSize>
13         </timeBasedFileNamingAndTriggeringPolicy>
14     </rollingPolicy>
15     <encoder>
16         <!-- 按照上面配置的LOG_PATTERN来打印日志 -->
17         <pattern>${LOG_PATTERN}</pattern>
18     </encoder>
19   </appender>
```

定义一个名为"FILE"的文件配置,主要是配置日志文件保存的时间、单个日志文件存储的大小,以及文件保存的路径和日志的输出格式。

(4)定义日志输出级别:

```
1    <logger name="com.isoft.controller" level="INFO" />
2    <root level="INFO">
3        <appender-ref ref="CONSOLE" />
4        <appender-ref ref="FILE" />
5    </root>
```

LEVEL:选项可以是TRACE,DEBUG,INFO,WARN,ERROR,FATAL,OFF等。

最后我们使用logger来定义一下项目中默认的日志输出级别,这里定义级别为INFO,然后针对INFO级别的日志,使用appender-ref引用上面定义好的控制台日志输出和日志文件的参数。这样logback.xml文件中的配置就设置完了。

第三步 使用Logger在项目中打印日志。

我们一般使用Logger对象来打印出一些log信息,可以指定打印出的日志级别,也支持占位符打印,很方便。

```
1   @RestController
2   @RequestMapping("/test")
3   public class TestController {
4       private final static Logger logger =
5   LoggerFactory.getLogger(TestController.class);
6
7       @RequestMapping("/log")
8       public String testLog() {
9           logger.debug("=====测试日志debug级别打印====");
10          logger.info("======测试日志info级别打印=====");
11          logger.error("=====测试日志error级别打印====");
12          logger.warn("======测试日志warn级别打印=====");
13
14          // 可以使用占位符打印出一些参数信息
15          String str1 = "Spring Boot";
16          String str2 = "SLF4J";
17          logger.info("当前案例使用的是{}整合{}案例！", str1, str2);
18          return "日志记录成功";
19      }
20  }
```

第四步 启动运行测试。

在浏览器中输入http://localhost:8080/test/log,结果如图3-6所示。

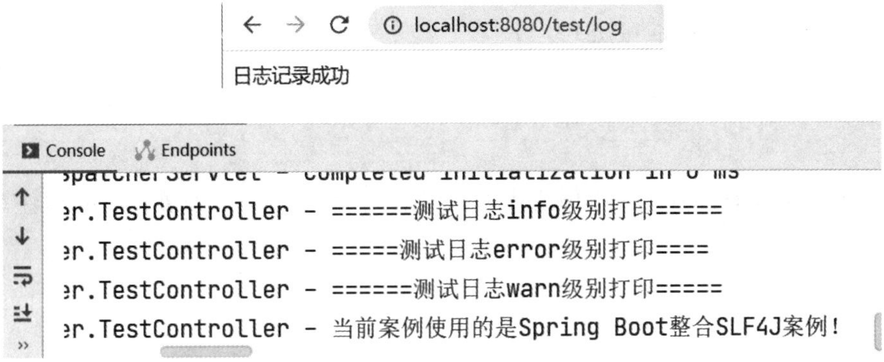

图3-6 SLF4J日志记录测试结果

因为INFO级别比DEBUG级别高,所以debug这条没有打印出来,如果将logback.xml中的日志级别设置成DEBUG,那么四条语句都会被打印出来。同时可以打开D:\logs\目录里面有生成的所有日志记录。

修改LEVEL级别,自行测试一下吧。

3.9.3　了解日志级别

日志级别从低到高分为:

```
1  TRACE < DEBUG < INFO < WARN < ERROR < FATAL。
```

如果设置为WARN,则低于WARN的信息都不会输出。

Spring Boot中将默认配置ERROR、WARN和INFO级别的日志输出到控制台。

还可以通过启动应用程序--debug标志来启用"调试"模式(开发的时候推荐开启),以下两种方式皆可:

(1)在运行命令后加入--debug标志,如:$ java -jar springTest.jar --debug

(2)在application.properties中配置debug=true,该属性置为true的时候,核心Logger会输出更多内容,但是你自己应用的日志并不会输出为DEBUG级别。

3.9.4　使用@Slf4j注解打印输出

如果每次在写一个方法的时候,想要输出打印一些值,都要用:

```
1  private final Logger logger = LoggerFactory.getLogger(XXX.class);
```

这样做就会感觉到很烦而且重复工作做得太多,可以用注解@Slf4j来解决问题。

将其@Slf4j注解添加在类的上面,然后就可以在方法里使用log.info("xxxxx");

```
1  @Slf4j
2  public class MyJob {
3      public void test() {
4          log.info("谁在搞卫生");
5      }
6  }
```

注意:如果注解@Slf4j注入后仍然找不到变量log,那就给IDE安装lombok插件,然后log就可以有提示了。

本章小结

本章主要讲解了Spring Boot的属性文件配置,多环境配置,Spring Boot的常用注解和控制层、服务层、数据访问层的分层注解,还讲解了Spring Boot更换FastJson引擎,最后通过一个综合案例讲解了如何使用SLF4j进行日志记录等内容。

其实很多东西都是Spring和Spring MVC提供的,Spring Boot只是提供自动配置的功能。但正是这种自动配置,为我们减少了很多的开发和维护工作,使我们能更加简单、高效地实现一个Web项目,让我们能够更加专注于业务本身的开发,而不需要去关心框架的东西。

尽管Spring Boot配置原理并不复杂,但是依然可以看到网上有各种各样的花式配置让人摸不着头脑,需要大家做大量的实验加以巩固。

> 出现bug主动查,不管是不是你的,这能让你业务能力猛涨、个人形象飙升;如果你的bug被别人揪出来……呵呵,那你会很被动。
>
> ——Java领路人

经典面试题

1.yml文件和properties有什么区别?

2.Spring Boot如何定义多套不同的环境配置?

3.Spring Boot的核心注解都有哪些?

4.什么是restful风格的API?

5.列举一下有哪些日志记录方式?

上机练习

1.使用Convert YAML and Properties File插件,进行yaml和properties文件相互转换。

2.使用Spring Boot框架相关注解实现model层、dao层、service层、controller层的多层划分。

3.使用@Value注解实现从application.properties配置文件内属性的注入。

4.使用@Slf4j注解,使用打印日志到文件功能。

5.统一JSON格式的接口返回结果的实现,生成如{ "code": 0, "msg": "success", "data": { "name": "张三", "age": 30 } }的结果。

第4章

Spring Boot模板引擎

"好用的框架随处可见,高效的框架万里挑一"。

虽然现在很多开发,都采用了前后端完全分离的模式,即后端只提供数据接口,前端通过 AJAX 请求获取数据,完全不需要用的模板引擎。这种方式的优点在于前后端完全分离,并且随着近几年前端工程化工具和 MVC 框架的完善,使得这种模式的维护成本相对来说也更加低一点。但是这种模式不利于 SEO,并且在性能上也会稍微差一点,还有一些场景,使用模板引擎会更方便,比如说邮件模板等。本章主要讨论 Spring Boot 与模板引擎 Thymeleaf、Freemaker 的整合使用。

以后的开发过程都是以前后端分离开发模式居多,本章节不作为学习重点,有兴趣的读者可选择参阅。

本章要点(在学会的前面打钩)
□ 掌握什么是 Thymeleaf 模板引擎
□ 掌握 Thymeleaf 的语法规则
□ 掌握使用 Spring Boot 整合 Thymeleaf 模板
□ 使用 Thymeleaf 模板实现获取书籍信息列表案例
□ 了解使用 Spring Boot 整合 Freemarker 模板
□ 掌握使用 Thymeleaf 模板实现 Restful 风格接口增删改查

4.1 了解模板引擎

模板引擎(这里特指用于 Web 开发的模板引擎)是为了用户界面与业务数据(内容)分离而产生的,它可以生成特定格式的文档,用于网站的模板引擎就会生成一个标准的 HTML 文档。

在 Java 中,主要的模板引擎有 JSP、Thymeleaf、FreeMarker、Velocity 等。

虽然随着前后端分离的崛起和流行,模板引擎已遭受到冷落,但不少旧项目依然使用 Java 的模板引擎渲染界面。如果自己写一些练手项目,使用模板引擎也比起前后端分离要来得快速。

4.2 关于 Thymeleaf 模板

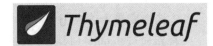

4.2.1 Thymeleaf是什么

Thymeleaf 是一个 XML/XHTML/HTML5 模板引擎,是 Java 的模板引擎技术,它支持 HTML5 原型,可以使用 Thymeleaf 来完全代替 JSP,可用于 Web 与非 Web 环境中的应用开发。

4.2.2 Thymeleaf的特点

(1)动静结合:Thymeleaf在有网络和无网络的环境下皆可运行,即它可以让美工在浏览器查看页面的静态效果,也可以让程序员在服务器查看带数据的动态页面效果。

(2)开箱即用:它提供标准和Spring标准两种方言,可以直接套用模板实现。

(3)多方言支持:Thymeleaf可以快速地实现表单绑定、属性编辑器、国际化等功能。

(4)与Spring Boot完美整合:Spring Boot提供了Thymeleaf的默认配置,并且为Thymeleaf设置了视图解析器,我们可以像以前操作JSP一样来操作Thymeleaf,代码几乎没有任何区别,就是在模板语法上有区别。

4.2.3 Thyemleaf基本语法规则

使用前,在HTML页面导入Thymeleaf的名称空间。

```
1  <!DOCTYPE html>
2  <html lang="en"  xmlns:th="http://www.thymeleaf.org">
```

1.变量表达式${}
直接使用th:xx = "${}"获取对象属性,例如:

```
1  <form id="userForm">
2      <input id="id" name="id" th:value="${user.id}"/>
3      <input id="username" name="username" th:value="${user.username}"/>
4      <input id="password" name="password" th:value="${user.password}"/>
5  </form>
6  <div th:text="hello"></div>
7  <div th:text="${user.username}"></div>
```

th语法解释：

```
th:text       //改变当前元素里面的文本内容；
th:任意html属性    //来替换原生属性的值；
```

2.选择变量表达式*{}

首先通过th:object获取对象，然后使用th:xx = "*{}"获取对象属性。这种简写风格极为清爽，推荐大家在实际项目中使用，例如：

```
1   <form id="userForm" th:object="${user}">
2       <input id="id" name="id" th:value="*{id}"/>
3       <input id="username" name="username" th:value="*{username}"/>
4       <input id="password" name="password" th:value="*{password}"/>
5   </form>
```

3.链接表达式@{}

通过链接表达式@{}直接拿到应用路径，然后拼接静态资源路径，例如：

```
1   <script th:src="@{/webjars/jquery/jquery.js}"></script>
2   <link th:href="@{/webjars/bootstrap/css/bootstrap.css}" rel="stylesheet"
3   type="text/css">
```

4.片段表达式~{}

片段表达式是Thymeleaf的特色之一，细粒度可以达到标签级别，这是JSP无法做到的。

片段表达式拥有三种语法：

（1）~{ viewName } 表示引入完整页面。

（2）~{ viewName ::selector} 表示在指定页面寻找片段。其中selector可为片段名、jquery选择器等。

（3）~{ ::selector} 表示在当前页寻找。

首先通过th:fragment定制片段，然后通过th:replace填写片段路径和片段名，例如：

```
1   <!-- /views/common/head.html-->
2   <head th:fragment="static">
3        <script th:src="@{/webjars/jquery/3.3.1/jquery.js}"></script>
4   </head>
5   <!-- /views/your.html -->
6   <div th:replace="~{common/head::static}"></div>
```

在实际使用中，我们往往使用更简洁的表达，去掉表达式外壳直接填写片段名。例如：

```
1   <!-- your.html -->
2   <div th:replace="common/head::static"></div>
```

5.消息表达式#{}

即通常的国际化属性:#{msg} 用于获取国际化语言翻译值。例如:

```
1   <title th:text="#{user.title}"></title>
```

6.其他表达式

在基础语法中,默认支持字符串连接、数学运算、布尔逻辑和三目运算等,例如:

```
1   <input th:value="${'I am '+(user.name!=null?user.name:'No Body')}"/>
```

4.2.4 内置对象

七大基础对象如表4-1所示。

表4-1 七大基础对象

序号	基础对象	解释
1	${#ctx}	上下文对象,可用于获取其他内置对象
2	${#vars}	上下文变量
3	${#locale}	上下文区域设置
4	${#request}	HttpServletRequest 对象
5	${#response}	HttpServletResponse 对象
6	${#session}	HttpSession 对象
7	${#servletContext}	ServletContext 对象

常用的工具类如表4-2所示。

表4-2 常用工具类

序号	工具类	解释
1	#strings	字符串工具类
2	#lists	List工具类
3	#arrays	数组工具类
4	#sets	Set工具类
5	#maps	常用Map方法
6	#objects	一般对象类,通常用来判断非空
7	#bools	常用的布尔方法

续表

序号	工具类	解释
8	#execInfo	获取页面模板的处理信息
9	#messages	在变量表达式中获取外部消息的方法，与#{...}方法相同
10	#uris	转义部分URL/URI的方法
11	#conversions	用于执行已配置的转换服务的方法
12	#dates	时间操作和时间格式化等
13	#calendars	用于更复杂时间的格式化
14	#numbers	格式化数字对象的方法
15	#aggregates	在数组或集合上创建聚合的方法
16	#ids	处理可能重复的id属性的方法

4.2.5　迭代循环

想要遍历List集合很简单，配合th:each 即可快速完成迭代。例如遍历用户列表：

```
1  <div  th:each="user:${userList}">
2        账号：<input th:value="${user.username}"/>
3        密码：<input  th:value="${user.password}"/>
4  </div>
```

在集合的迭代过程还可以获取状态变量，只需在变量后面指定状态变量名即可，状态变量可用于获取集合的下标/序号、总数、是否为单数/偶数行、是否为第一个/最后一个。例如：

```
1  <div th:each="user,stat:${userList}"th:class="${stat.even}?'even':'odd'">
2        下标：<input th:value="${stat.index}"/>
3        序号：<input  th:value="${stat.count}"/>
4        账号：<input th:value="${user.username}"/>
5        密码：<input  th:value="${user.password}"/>
6  </div>
```

4.2.6　条件判断

条件判断通常用于动态页面的初始化，例如：

```
1  <div th:if="${userList}">
2        <div>存在</div>
3  </div>
```

如果想取反则使用unless 例如：

```
1  <div th:unless="${userList}">
2      <div>不存在</div>
3  </div>
```

4.2.7　日期格式化

使用默认的日期格式(toString方法) 并不是我们预期的格式：Mon Dec 03 23:16:50 CST 2021。

```
1  <input type="text" th:value="${user.createTime}"/>
```

此时可以通过时间工具类#dates来对日期进行格式化：2022-3-3 23:16:50。

```
1  <input type="text" th:value="${#dates.format(user.createTime,'yyyy-MM-dd
2  HH:mm:ss')}"/>
```

4.3　综合案例：Spring Boot整合Thymeleaf

在创建项目的时候选择依赖时选中Thymeleaf或者在pom中添加Thymeleaf依赖,工程目录结构如图4-1所示。

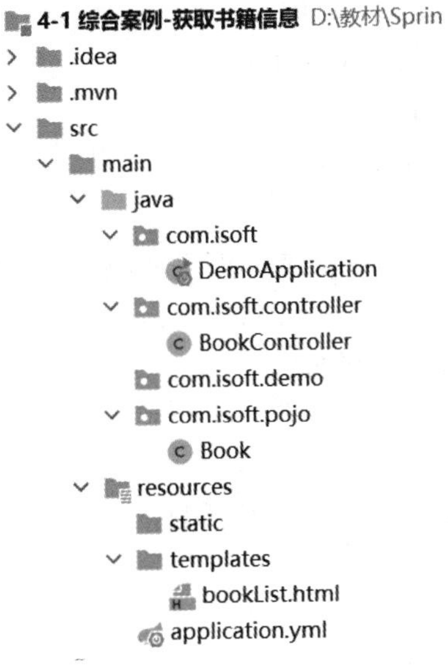

图4-1　工程目录结构

第一步 pom.xml 文件添加 Thymeleaf 依赖,参考代码如下:

```
1  <dependency>
2      <groupId>org.springframework.boot</groupId>
3      <artifactId>spring-boot-starter-thymeleaf </artifactId>
4  </dependency>
```

第二步 新建实体类 Book.java,参考代码如下:

```
1  public class Book {
2      private Integer id;
3      private String name;
4      private Date createTime;
5      private String author;
6      //getter 和 setter 略
7  }
```

第三步 新建控制器类 Controller.java,参考代码如下:

```
1  @Controller
2  public class BookController {
3      @GetMapping("/books")
4      public ModelAndView Books() {
5          List<Book> books = new ArrayList<>();
6          Book book1 = new Book();
7          book1.setId(1);
8          book1.setName("Spring Boot企业级应用开发");
9          book1.setCreateTime(new Date());
10         book1.setAuthor("李白");
11         Book book2 = new Book();
12         book2.setId(2);
13         book2.setName("Node.js Web开发实战");
14         book2.setCreateTime(new Date());
15         book2.setAuthor("白居易");
16         books.add(book1);
17         books.add(book2);
18         ModelAndView mv = new ModelAndView();
19         mv.addObject("books", books);
20         //视图名为bookList,对应文件名称
21         mv.setViewName("bookList");
```

```
22          return mv;
23      }
24 }
```

由于要返回模板页面文件,所以我们只能使用@Controller而不可以使用@RestController。

第四步　在 resources/templates 文件夹,创建 bookList.html 视图文件,第二行导入
Thymeleaf的命名空间,参考代码如下:

```
1  <!DOCTYPE html>
2  <html lang="en" xmlns:th="http://www.thymeleaf.org">
3  <head>
4      <meta charset="UTF-8">
5      <title>图书列表</title>
6  </head>
7  <body>
8  <table border="1" width="100%">
9      <tr>
10         <td>序号</td>
11         <td>书名</td>
12         <td>作者</td>
13     </tr>
14     <tr th:each="book:${books}">
15         <td th:text="${book.id}"/>
16         <td th:text="${book.name}"/>
17         <td th:text="${#dates.format(book.createTime,'yyyy-MM-dd')}"/>
18         <td th:text="${book.author}"/>
19     </tr>
20 </table>
21 </body>
22 </html>
```

第五步　配置文件application.yml,参考代码如下:

```
1  server:
2    port: 8080
3  spring:
4    thymeleaf:
5      prefix: classpath:/templates/ #访问 template 下的 html 文件
6      cache: false # 开发时关闭缓存,不然没法看到实时页
7  suffix: .html
```

第六步　访问 http://localhost:8080/books，执行结果如图 4-2 所示。

序号	书名	出版日期	作者
1	Spring Boot企业级应用开发	2022-03-01	李白
2	Node.js Web开发实战	2022-03-01	白居易

图 4-2　thymeleaf 遍历数据结果

4.4　关于 Freemarker 模板

4.4.1　什么是 Freemarker

Freemarker 是一款模板引擎，是一种基于模板生成静态文件的通用工具，它是为 Java 程序员提供的一个开发包，或者说是一个类库，它不是面向最终用户的，而是为程序员提供了一款可以嵌入他们开发产品的应用程序。

Freemarker 是使用纯 Java 编写的，为了提高页面的访问速度，需要把页面静态化，那么 Freemarker 就是被用来生成 html 页面。

4.4.2　Freemarker 提供的标签

Freemarker 提供很多常用的标签，Freemarker 标签都是 <# 标签名称 > 这样子命名的，${value} 表示输出变量名的内容，具体如下：

1.List 标签

该标签主要是进行迭代服务器端传递过来的 List 集合，比如：

```
1    <#list nameList as names>
2    ${names}
3    </#list>
```

names 是 list 循环的时候取的一个循环变量，Freemarker 在解析 list 标签的时候，等价于：

```
1    for (String names : nameList) {
2    System.out.println(names);
3    }
```

2.If标签

该标签主要是做if判断用的,比如:

```
1    <#if (names=="老张")>
2    他的技能是Spring Boot
3    </#if>
```

这个是条件判断标签,要注意的是条件等式必须用括号括起来,等价于:

```
1    if(names.equals("老张")){
2    System.out.println("他的技能是Spring Boot");
3    }
```

3.Include标签

该标签用于导入文件用的,比如:

```
1    <#include "include.ftl"/>
```

4.5 综合案例:Spring boot整合Freemarker

项目工程结构如图4-3所示。

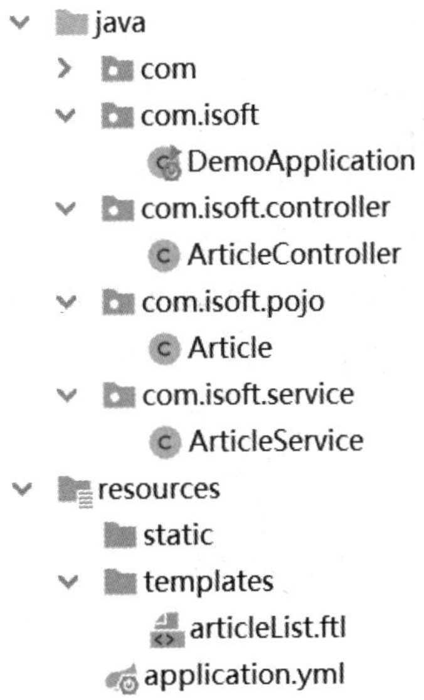

图4-3 项目工程结构图

第一步 新建Spring Boot项目,引入Freemarker依赖和Web依赖,参考代码如下:

```
1  <dependency>
2      <groupId>org.springframework.boot</groupId>
3      <artifactId>spring-boot-starter-freemarker</artifactId>
4  </dependency>
```

第二步 application.yml文件配置Freemarker,参考代码如下:

```
1  spring:
2    freemarker:
3      template-loader-path: classpath:/templates/
4      suffix: .ftl
5      content-type: text/html
6      charset: UTF-8
7      settings:
8        number_format: '0.##'
```

除了settings外,其他的配置选项和Thymeleaf类似。settings会对Freemarker的某些行为产生影响,如日期格式化、数字格式化等。

第三步 创建实体类,参考代码如下:

```
1  @Data
2  public class Article {
3      private Integer id;
4      private String title;
5      private String summary;
6      private Date createTime;
7  }
```

第四步 编写Freemarker模板文件articleList.ftl,参考代码如下:

```
1  <html>
2  <title>文章列表</title>
3  <body>
4  <h3>使用的是Freemarker模板引擎</h3>
5  <table border="1">
6      <thead>
7          <tr>
8              <th>序号</th>
```

```
9            <th>标题</th>
10           <th>摘要</th>
11           <th>创建时间</th>
12       </tr>
13       </thead>
14       <#list list as article>
15       <tr>
16           <td>${article.id}</td>
17           <td>${article.title}</td>
18           <td>${article.summary}</td>
19           <td>${article.createTime?string('yyyy-MM-dd hh:mm:ss')}</td>
20       </tr>
21   </#list>
22   </table>
23   </body>
24   </html>
```

第五步　编写服务层,参考代码如下:

```
1    @Service
2    public class ArticleService {
3      public List<Article> getArticles(){
4          List list = new ArrayList<>();
5          for (int i = 0; i <10 ; i++) {
6              Article article = new Article();
7              article.setId(i);
8              article.setTitle("测试标题"+(int)(Math.random()*100));
9              article.setSummary("文章内容摘要"+(int)(Math.random()*100));
10             article.setCreateTime(new Date());
11             list.add(article);
12         }
13         return list;
14     }
15   }
```

第六步　编写Controller,参考代码如下:

```
1    @Controller
2    @RequestMapping("/article")
```

```
3   public class ArticleController {
4       @Autowired
5       private ArticleService articleService;
6
7       @RequestMapping("/articleList")
8       public String getArticles(Model model) {
9           List<Article> list = articleService.getArticles();
10          model.addAttribute("list", list);
11          System.out.println(list);
12          return "articleList";
13      }
14  }
```

由于要返回模板页面文件,所以我们只能使用@Controller而不可以使用@RestController
第七步　访问页面,测试结果如图4-4所示。

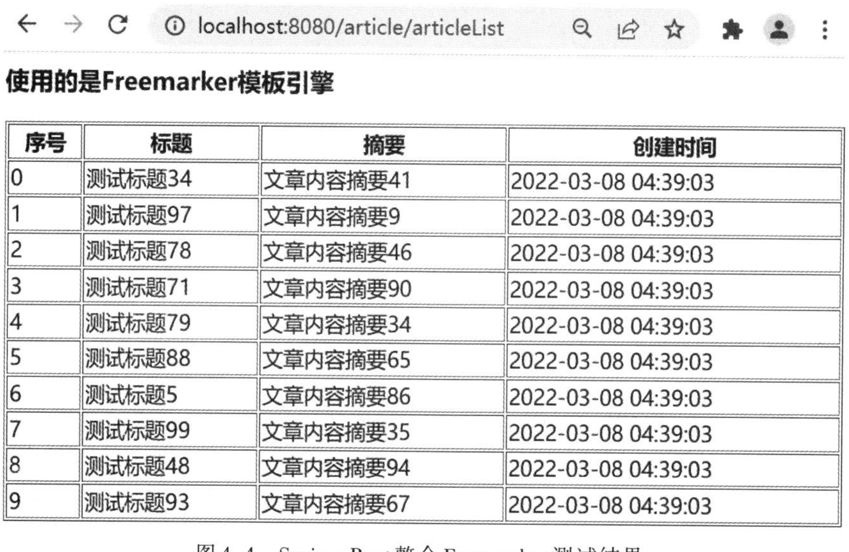

图4-4　Spring Boot整合Freemarker测试结果

4.6　综合案例:Restful风格接口实现用户信息增删改查

4.6.1　硬编码实现Restful风格接口

使用Spring Initializr新建一个Spring Boot项目,根据MVC原则,创建一个简单的目录结构,如图4-5所示,可以只包括controller和pojo两个包,分别创建User类和UserController控制器类:

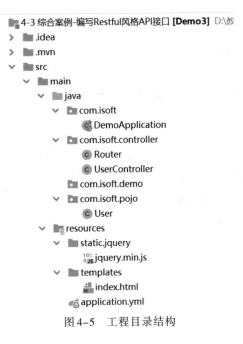

图4-5 工程目录结构

第一步 pojo包中新建实体类User.java,参考代码如下:

```
1   public class User {
2       private Integer id;
3       private String name;
4       private String password;
5       private String  phone;
6   //省略getter和setter
7   //省略toString
8   }
```

第二步 controller包中新建UserController.java控制器类,参考代码如下:

```
1   /**
2    * 通过RestController注解告知Spring Boot这是一个控制器类,返回json数据
3    * 通过RequestMapping注解说明统一处理以user开头的URL请求
4    */
5   @RestController
6   @RequestMapping("/user")
7   public class UserController {
8   List<User> result = new ArrayList<User>();//模拟充当数据库的作用
9   }
```

第三步　添加获取全部用户信息列表 API 接口，参考代码如下：

```
1   //获取全部用户信息列表 API接口,@GetMapping只接受get方式的请求
2   @GetMapping("/findAll")
3   public List<User> userList() {
4   result.clear();//添加数据前清除之前的数据
5       for (int i = 0; i < 3; i++) {
6           User user = new User();
7           user.setId(i);
8           user.setName("name_" + i);
9           user.setPassword("password_" + i);
10          user.setPhone("phone_" + i);
11          result.add(user);
12      }
13      return result;
14  }
```

第四步　添加获取特定用户信息 API 接口，参考代码如下：

```
1   // 根据ID获取特定用户信息 API接口
2   @GetMapping("/findById/{id}")
3   public User getUser(@PathVariable(value = "id") Integer id) {
4       int i = 0;
5       for (i = 0; i < result.size(); i++) {
6           if (result.get(i).getId().equals(id)) {
7               return result.get(i);
8           }
9       }
10      if (i == result.size()) {
11          System.out.println("没有找到该用户");
12      }
13      return null;
14  }
```

第五步　添加用户信息 API 接口，参考代码如下：

```
1   //只接受post方式的请求,添加用户信息用PostMapping
2   @PostMapping("/add")
3   public String addUser(@RequestBody User user) {
4   //@RequestBody 接收客户端传过来的 JSON字符串
```

```
5        result.add(user);
6        return "添加新用户成功";
7   }
```

第六步 添加修改用户信息 API接口,参考代码如下:

```
1   //修改用户信息 API接口
2   @PutMapping("/update/{id}")
3   public String updateUser(@PathVariable(value = "id") Integer id,
4   @RequestBody User user) {
5        int i = 0;
6        for (i = 0; i < result.size(); i++) {
7            if (result.get(i).getId().equals(id)) {
8                result.remove(i);
9                result.add(i, user);
10               return id + "的用户修改成功";
11           }
12       }
13       if (i == result.size()) {
14           return "没有找到该用户";
15       }
16       return id + "的用户修改失败";
17  }
```

第七步 添加删除用户信息 API接口,参考代码如下:

```
1   //删除用户信息 API接口
2   @DeleteMapping("/delete/{id}")
3   public String deleteUser(@PathVariable(value = "id") Integer id) {
4        int i = 0;
5        for (i = 0; i < result.size(); i++) {
6            if (result.get(i).getId().equals(id)) {
7                result.remove(i);
8                return "用户ID为"+i+"的记录删除成功";
9            }
10       }
11       if (i == result.size()) {
12           return "没有找到该用户";
13       }
```

```
14        return "用户ID为"+i+"的记录删除失败";
15  }
```

专家讲解

　　UserController 类中添加了常用的 Get、Post、Put、Delete 请求 API 配置,使用注解的方式说明了请求路径,路径中的{id}元素是路径参数,可以通过@PathVariable 注解获取。

4.6.2　使用 JQuery Ajax 实现删除功能

　　如果想要用视图去展示,应该要设置好视图展示页面,比如说用一个模板语言来接收返回的数据(Thymeleaf 或者 Freemarker 等),也可以用 JSP 接收,但是 Spring Boot 官方是不推荐用 JSP 的,而是建议使用 Thymeleaf 作为模板语言。

　　但 Spring Boot 项目默认是不允许直接访问 Templates 下的文件的,它是受保护的,可使用如下方式配置:

　　第一步　pom.xml 添加 Thymeleaf 依赖,参考代码如下:

```
1  <dependency>
2      <groupId>org.springframework.boot</groupId>
3      <artifactId>spring-boot-starter-thymeleaf</artifactId>
4      <version>2.5.2</version>
5  </dependency>
```

　　第二步　application.yml 中添加如下配置,参考代码如下:

```
1  spring:
2    thymeleaf:
3      prefix:
4        classpath: /templates # 访问template下的html文件需要配置模板
5        cache: false # 开发时关闭缓存,不然没法看到实时页面
6  server:
7    port: 8081
8    servlet:
9      context-path: /web
```

　　第三步　Templates 目录下添加一个 index.html 文件,引入 jquery 文件,参考代码如下:

```
1  <!DOCTYPE html>
2  <html lang="en" xmlns:th="http://www.thymeleaf.org">
3  <head>
4      <meta charset="UTF-8">
5      <title>Title</title>
6      <script type="text/javascript"
7  th:src="@{/jquery/jquery.js}"></script>
8      <script>
9          function delUserForAjaxById() {
10             var r = confirm("确认删除该条数据？");
11             var id=$("#id").val();//获取文本框的值
12             if (r) {
13                 console.log("测试要删除的数据："+id);
14                 $.ajax({
15                     url: "user/delete/" + id,
16                     type: "DELETE",
17                     success: function (result) {
18                         alert(result);
19                     },
20                     error:function (qXHR, textStatus, errorThrown){
21                         alert("error"+errorThrown)
22                     }
23                 });
24             }
25         }
26     </script>
27 </head>
28 <body>
29 请输入要删除的用户ID：
30 <input type="text" id="id" placeholder="用户ID">
31 <a href="javascript:delUserForAjaxById()">删除用户</a>
32 </body>
33 </html>
```

第四步 调试运行，先查询出数据 http://localhost:8081/web/user/findAll，然后 http://localhost:8081/web/index 进入页面，输入ID，删除用户，

测试结果如图4-6所示。

图 4-6　测试删除功能

4.6.3　使用 Apifox 工具测试增删改查接口

Apifox 工具包括 API 文档、API 调试、API Mock、API 自动化测试等，Apifox = Postman + Swagger + Mock + JMeter，下载地址为：https://www.apifox.cn/，默认安装即可。

下面使用 Apifox 测试工具验证请求接口的正确性，以添加用户信息为例进行测试，其他接口测试略，测试配置如图 4-7 所示。

图 4-7　Apifox 测试添加用户信息功能

其他接口测试 URL 如下：
（1）查询全部用户信息接口 URL：http://localhost:8081/web/user/findAll；
（2）根据 ID 查找用户接口 URL：http://localhost:8081/web/user/findById/1；
（3）修改用户信息接口 URL：http://localhost:8081/web/user/update/1；
（4）删除用户信息接口 URL：http://localhost:8081/web/user/delete/1。

本章小结

Thymeleaf 是一个跟 Velocity、FreeMarker 类似的模板引擎，它可以完全替代 JSP。
Freemarker 也是一款模板引擎，是一种基于模板生成静态文件的通用工具。
本章主要讲解 Thymeleaf 的基本语法与 Spring Boot 整合使用，Freemaker 的语法和与 Spring Boot 整合使用，但以后的开发方式趋于前后端分离技术，则 Thymeleaf 和 Freemaker 显得不是非常重要，读者可根据个人爱好程度选学选看。

总体来讲,Spring boot对Thymeleaf和Freemaker支持比较友好,配置相对也简单一点,在实际的开发中,大多也以这两种模板引擎为主,很少有用JSP的,JSP现在可能更多是在实验或者学习阶段使用。

做需求分析时候,我们要像用户一样设身处地地去思考需求的合理和实用性,而不是一味地完成产品的需求而已。

——Java领路人

经典面试题

1.Thymeleaf是前端框架吗?

2.为什么Spring Boot推荐使用Thymeleaf模板引擎?

3.Thymeleaf和Freemaker有什么区别?

4.Spring Boot整合Thymeleaf的流程是什么?

5.Thymeleaf内置对象有哪些?

上机练习

1.使用Spring Boot + Thymeleaf实现随手记系统功能的查询消费明细功能,如图4-8所示。

卡号末四位	交易日期	时间	币别	商户名称	交易金额
5233	2021-01-20	18:05:31	人民币	消费 财付通-中国人民银行 天津	24.50
5233	2021-01-26	10:15:23	人民币	消费 财付通-中国人民银行 天津	74.00
5233	2021-03-06	11:18:30	人民币	消费 财付通-中国人民银行 天津	124.55

您的消费明细

图4-8 随手记系统消费明细

加强:为了展示良好的页面效果可以使用BootStrap5框架对页面进行修饰。

2.使用Spring Boot + Freemarker模板技术,实现如图4-9所示的查看学生考试科目是否通过功能:

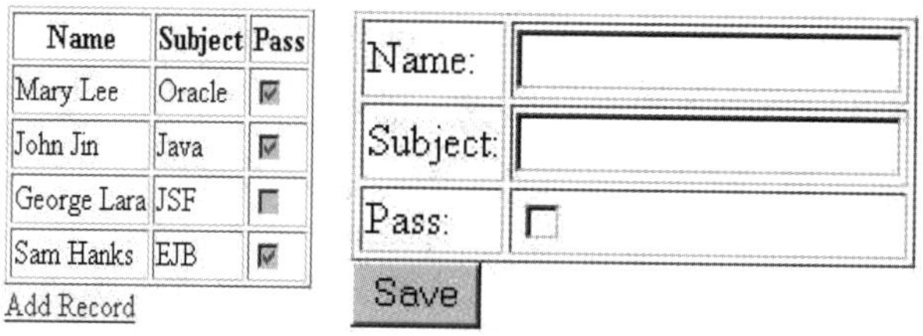

Name	Subject	Pass
Mary Lee	Oracle	☑
John Jin	Java	☑
George Lara	JSF	☐
Sam Hanks	EJB	☑

Add Record

Name: _____
Subject: _____
Pass: ☐
Save

图 4-9　查看学生考试科目是否通过

加强：为了展示良好的页面效果可以使用 Lay UI 框架对页面进行修饰。

第 5 章

Spring Boot 数据访问

在使用 Spring Boot 的开发过程中，常用的持久化解决方案主要有两种，一种是 Mybatis 框架，另一个就是 Spring Data JPA。Spring Data 就是为了简化构建基于 Spring 框架应用的数据访问技术。

而 Spring Data JPA 和 MyBatis 最大的区别就是 Spring Data JPA 是 Spring"亲生"的，这从名字的命名方式上也能看出来。

本章主要讲解如何使用 Spring Boot 整合 MyBatis 和 JPA，以及 Druid 连接池的配置。

本章要点（在学会的前面打钩）
- □ 了解什么是 MyBatis
- □ 掌握使用 Spring Boot 整合 MyBatis
- □ 了解什么是 JPA
- □ 掌握使用 Spring Boot 整合 JPA
- □ 掌握分页查询功能的实现
- □ 掌握 Spring Boot 集成 Druid 连接池

5.1 Spring Boot 整合 MyBatis

5.1.1 MyBatis 介绍

MyBatis 是一个支持普通 SQL 查询，存储过程和高级映射的优秀持久层框架。MyBatis 消除了几乎所有的 JDBC 代码和参数的手工设置以及对结果集的检索封装。MyBatis 可以使用简单的 XML 或注解用于配置和原始映射，将接口和 Java 的 POJO（Plain Old Java Objects，普通的 Java 对象）映射成数据库中的记录。

Mybatis 虽然不是 Spring Boot 亲生的，但是凭借自己轻巧灵活的身姿（易上手、动态 SQL 等），赢得了广大开发者的喜爱。

5.1.2　Spring Boot整合MyBatis实现增删改查

兵马未动,粮草先行,在整合Mybatis之前还得先做一些准备工作,先建userdb库后建t_user表,并插入4条记录,参考脚本如下:

```
1  Drop table if EXISTS t_user;
2  CREATE TABLE 't_user' (
3     'id' int(11) NOT NULL AUTO_INCREMENT,
4     'uname' varchar(20) NOT NULL,
5     'age' tinyint(4) NOT NULL,
6     'roles' int(11) NOT NULL,
7     'address' varchar(255),
8    PRIMARY KEY ('id')
9  );
insert   into 't_user'('id','uname','age','roles','address')  values  (1,'小张',60,1,'天津市'),
(2,'小王',55,2,'北京市'),(3,'小红',60,3,'天津市'),(4,'小李',70,3,'上海市');
```

首先构建Spring Boot的基础工程,然后在此基础上再进行整合Mybatis,参考项目工程结构如图5-1所示。

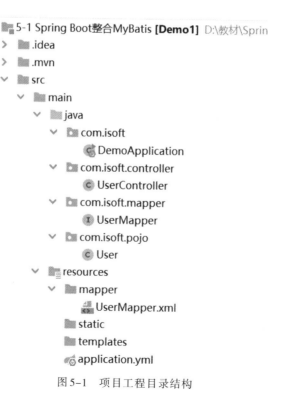

图5-1　项目工程目录结构

第一步 在 pojo 包下创建 User 类，并实现序列化接口 Serializable，参考代码如下：

```
1  @Data //添加 lombok 依赖, 自动生成 getter 和 setter
2  public class User implements Serializable {
3      private Integer id;
4      private String uname;
5      private int age;
6      private int roles;
7      private String address;
8  }
```

第二步 在 pom.xml 文件中添加相关依赖，参考代码如下：

```
1  <!--添加 MySQL8.0依赖-->
2   <dependency>
3       <groupId>mysql</groupId>
4       <artifactId>mysql-connector-java</artifactId>
5       <version>8.0.28</version>
6   </dependency>
7  <!-- 添加 MyBatis 依赖-->
8   <dependency>
9       <groupId>org.mybatis.spring.boot</groupId>
10      <artifactId>mybatis-spring-boot-starter</artifactId>
11      <version>2.2.2</version>
12  </dependency>
```

第三步 application.yml 中配置数据源，参考代码如下：

```
1  spring:
2    datasource:
3      url: jdbc:mysql://localhost:3306/userdb?serverTimezone=UTC
4      username: root
5      password: root
6      driver-class-name: com.mysql.cj.jdbc.Driver
```

第四步 application.yml 中添加 mapper-locations 路径，扫描 *Mapper 文件，参考代码如下：

```
1  mybatis:
2    mapper-locations: classpath*:mapper/*Mapper.xml
```

第五步 在 mapper 包下创建 UserMapper 接口，并在接口中定义一个 selectUserList 方法，参考代码如下：

```
1   @Repository
2   public interface UserMapper {
3       List<User> selectUserList();
4   User findById(int id);
5   int save(User user);
6   int update(User user);
7   int delete(Integer id);
8   }
```

IDEA 添加新建 mapper.xml 文件的方法如图 5-2 所示。

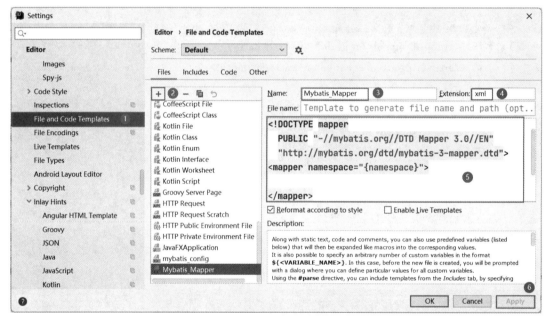

图 5-2　IDEA 添加支持新建 mapper 文件方法

新建一个 Mapper 文件试试吧！

第六步 在 resources/mapper 包下创建 UserMapper.xml 映射文件，参考代码如下：

```
1   <?xml version="1.0" encoding="UTF-8" ?>
2   <!DOCTYPE mapper
3           PUBLIC "-//mybatis.org//DTD Mapper 3.0//EN"
4           "http://mybatis.org/dtd/mybatis-3-mapper.dtd">
5   <mapper namespace="com.isoft.mapper.UserMapper">
6       <resultMap id="BaseResultMap" type="com.isoft.pojo.User">
7   <!--column指定表字段名或者其别名,property指定javaBean的属性名-->
```

```
8      <!--jdbcType指定表字段类型,javaType指定类属性的java类型-->
9          <result column="id" jdbcType="INTEGER" property="id"
10 javaType="java.lang.Integer"/>
11         <result column="uname" jdbcType="VARCHAR" property="uname"
12  javaType="java.lang.String"/>
13         <result column="age" jdbcType="INTEGER" property="age"
14 javaType="java.lang.Integer"/>
15         <result column="roles" jdbcType="INTEGER" property="roles"
16 javaType="java.lang.Integer"/>
17         <result column="address" jdbcType="VARCHAR" property="address"
18 javaType="java.lang.String"/>
19     </resultMap>
20     <!--     查询全部记录,不带分页的-->
21     <select id="selectUserList" resultMap="BaseResultMap">
22         select *   from t_user;
23     </select>
24
25     <select id="findById" parameterType="java.lang.Integer"
26 resultMap="BaseResultMap">
27         select * from t_user where id = #{id};
28     </select>
29
30     <insert id="save" parameterType="com.isoft.pojo.User"
31 useGeneratedKeys="true" keyProperty="id">
32         insert into t_user
33         <trim prefix="(" suffix=")" suffixOverrides=",">
34             <if test="id != null">
35                 id,
36             </if>
37             <if test="uname != null">
38                 uname,
39             </if>
40             <if test="age != null">
41                 age,
42             </if>
43             <if test="roles != null">
44                 roles,
45             </if>
```

```
46              <if test="address != null">
47                  address,
48              </if>
49          </trim>
50          <trim prefix="values (" suffix=")" suffixOverrides=",">
51              <if test="id != null">
52                  #{id,jdbcType=INTEGER},
53              </if>
54              <if test="uname != null">
55                  #{uname,jdbcType=VARCHAR},
56              </if>
57              <if test="age != null">
58                  #{age,jdbcType=INTEGER},
59              </if>
60              <if test="roles != null">
61                  #{roles,jdbcType=INTEGER},
62              </if>
63              <if test="address != null">
64                  #{address,jdbcType=VARCHAR},
65              </if>
66          </trim>
67      </insert>
68
69  <update id="update" parameterType="com.isoft.pojo.User">
70      update t_user
71      <set>
72          <trim prefix="" suffix="" suffixOverrides=",">
73              <if test="uname != null">
74                  uname = #{uname,jdbcType=VARCHAR},
75              </if>
76              <if test="age != null">
77                  age = #{age},
78              </if>
79              <if test="roles != null">
80                  roles = #{roles,jdbcType=INTEGER},
81              </if>
82              <if test="address != null">
83                  address = #{address,jdbcType=VARCHAR},
```

```
84                </if>
85            </trim>
86        </set>
87        where id = #{id,jdbcType=BIGINT}
88    </update>
89
90    <delete id="delete" parameterType="java.lang.Integer">
91        delete from t_user where id=#{id,jdbcType=INTEGER}
92    </delete>
93 </mapper>
```

专家提醒

1. 接口类名称要和 Mapper 映射文件的名称一致；
2. 接口中的方法要和映射文件 id 值名称一致。

第七步 在 controller 包下创建 UserController 控制器类，参考代码如下：

```
1    @RestController
2    @RequestMapping("/user")
3    public class UserController {
4        @Autowired
5        UserMapper userMapper;
6
7        @GetMapping("/findAll")//查找全部用户信息
8        ResponseEntity<List<User>> findAllUser() {
9            List<User> list = userMapper.selectUserList();
10           return ResponseEntity.status(HttpStatus.OK).body(list);
11 }
12
13       @GetMapping("/findById/{id}")    //根据ID查找用户信息
14       ResponseEntity<User> findById(@PathVariable("id") Integer id) {
15           if (id == null || id < 1) {
16               return ResponseEntity.status(HttpStatus.BAD_REQUEST).build();
17           }
18           User user = userMapper.findById(id);
19           if (user == null) {
20               return ResponseEntity.status(HttpStatus.NOT_FOUND).build();
21           }
```

```
22          return ResponseEntity.status(HttpStatus.OK).body(user);
23      }
24
25      @PostMapping("/save") //新增用户数据
26      public ResponseEntity<String> save(@RequestBody User user) {
27          if (user == null) {
28              return ResponseEntity.status(HttpStatus.BAD_REQUEST).build();
29          }
30          Integer count = userMapper.save(user);
31          if (count == null || count == 0) {
32              return ResponseEntity.status(HttpStatus.BAD_REQUEST).build();
33          }
34          if (count > 0) {
35              return ResponseEntity.status(HttpStatus.CREATED).body("添加新用户
36  信息成功");
37          } else {
38              return ResponseEntity.status(HttpStatus.BAD_REQUEST).body("添加新
39  用户信息失败");
40          }
41      }
42
43      @PutMapping("/update")//修改用户信息
44      public ResponseEntity<String> update(@RequestBody User user) {
45          if (user == null) {
46              return ResponseEntity.status(HttpStatus.BAD_REQUEST).build();
47          }
48          Integer count = userMapper.update(user);
49          if (count == null || count == 0) {
50              return ResponseEntity.status(HttpStatus.BAD_REQUEST).build();
51          }
52          if (count > 0) {
53              return ResponseEntity.status(HttpStatus.OK).body("修改用户信息成功");
54          } else {
55              return ResponseEntity.status(HttpStatus.BAD_REQUEST).body("修改用户信息
56  失败");
57          }
58      }
59
60      @DeleteMapping("/delete/{id}")//删除用户信息
```

```
61      public ResponseEntity<String> delete(@PathVariable("id") Integer id) {
62          if (id == null || id < 1) {
63              return ResponseEntity.status(HttpStatus.BAD_REQUEST).build();
64          }
65          Integer count = userMapper.delete(id);
66          if (count == null || count == 0) {
67              return ResponseEntity.status(HttpStatus.NOT_FOUND).build();
68          }
69          if (count > 0) {
70              return ResponseEntity.status(HttpStatus.OK).body("删除用户信息成功");
71          } else {
72              returnResponseEntity.status(HttpStatus.BAD_REQUEST).body("删除用户信息
73  失败");
74          }
75      }
76  }
```

第八步 在Spring Boot的主启动类上加上@MapperScan注解配置,参考代码如下:

```
1   @SpringBootApplication
2   @MapperScan(basePackages = {"com.isoft.mapper"})
3   public class DemoApplication {
4       public static void main(String[] args) {
5           SpringApplication.run(DemoApplication.class, args);
6       }
7   }
```

这个注解的意思是扫描com.isoft.mapper包下的mapper接口,并创建代理对象。

第九步 在浏览器地址栏输入http://localhost:8080/user/findAll,就可以看到已经查询出来Json格式的数据,如图5-3所示,这就说明我们Spring Boot集成Mybatis成功跑通了。

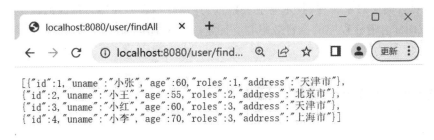

图5-3 查询所有用户测试结果

但是添加、修改和删除功能不能用浏览器来测试,我们使用Apifox工具测试,以添加用户信息功能为例,如图5-4所示。

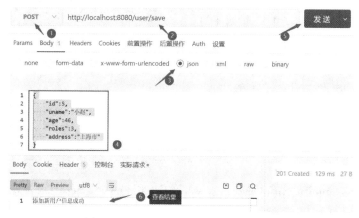

图5-4　Apifox测试添加用户信息功能

专家讲解

　　如果大家细心的话可能会发现,通常我们在集成一些Spring Boot提供支持的技术的时候,所添加的依赖都是以spring-boot-starter开头,格式为:spring-boot-starter-xxx;但是刚才我们添加的Mybatis的依赖却是mybatis-spring-boot-starter,是以Mybatis开头的,其实是Spring Boot默认是不支持Mybatis的,它默认支持的是它自己生态内的持久层框架JPA,由于Spring Boot是大势所趋,所以Mybatis就主动去迎合Spring Boot生态,自己开发了Mybatis的stater。以后大家凡是看到xxx-spring-boot-starter的依赖,都是Spring Boot没有主动提供支持的技术。

　　在实际的开发过程中,Spring Boot和MyBatis的整合就是这么简单,如果你认真看完本节文章,那么恭喜你又掌握了一新技能!

知识扩展

　　对象关系映射(Object Relational Mapping,ORM)是通过使用描述对象和数据库之间映射的元数据,将面向对象语言程序中的对象自动持久化到关系数据库中。简单来说就是将数据库表与java实体对象做一个映射。

ORM 的优缺点

优点:符合面向对象编程;技术与业务解耦,开发时不需要关注数据库的连接与释放;
缺点:ORM会牺牲程序的执行效率和会固定思维模式。

5.2　Spring Boot 整合 JPA

　　Spring Data JPA 是 Spring Data 家族的一部分,是 Spring Data 框架下的一个基于 JPA 标准操作数据的模块。

JPA诞生的缘由是为了整合第三方ORM框架,建立一种标准的方式,百度百科说是JPA为了实现ORM的"天下归一",目前也是在按照这个方向发展,但是还没能完全实现。

5.2.1 JPA介绍

JPA是Java Persistence API的简称,中文名为Java持久层API,是JDK注解或XML描述对象-关系表的映射关系,并将运行期的实体对象持久化到数据库中。

JPA的出现主要是为了简化持久层开发以及整合ORM技术,结束Hibernate、TopLink、JDO等ORM框架各自为营的局面。JPA是在吸收现有ORM(对象关系映射)框架的基础上发展而来,易于使用,伸缩性强。总的来说,JPA包括以下3方面的技术,如表5-1所示。

表5-1 JPA的相关技术

3个层面	内容描述
ORM对象关系映射	JPA支持XML和JDK5.0注解两种元数据的形式,元数据描述对象和表之间的映射关系,框架据此将实体对象持久化到数据库表中。
一套标准API	在javax.persistence的包下面,用来操作实体对象,执行CRUD操作,框架在后台替代我们完成所有的事情,将开发者从烦琐的JDBC和SQL代码中解脱出来。
面向对象查询语言	Java Persistence QueryLanguage(JPQL)。这是持久化操作中很重要的一个方面,通过面向对象而非面向数据库的查询语言查询数据,避免程序的SQL语句紧密耦合。

5.2.2 Spring Boot整合JPA实现多对一的关系

Spring Data JPA提供了标准数据操作API,简化操作持久层的代码,使用时只需要编写接口就可以,下面以添加用户信息功能为例讲解Spring Boot如何整合JPA的。

数据准备:角色表t_roles,如图5-5所示。

```
1   CREATE TABLE 't_roles' (
2     'role_id' int(11) NOT NULL,
3     'role_name' varchar(255) DEFAULT NULL,
4     PRIMARY KEY ('role_id')
5   )
```

role_id	role_name
1	歌手
2	演员
3	经纪人
4	导演

图5-5 t_roles表

t_user表设计外键约束,如图5-6所示。

	约束名	引用列		引用数据库		引用表		引用列		更新		删除	
☐	fk	`roles`	...	userdb	▼	t_roles	▼	`role_id`	...	Cascade	▼	Cascade	▼

图5-6　t_user表外键约束

新建Spring Boot项目,目录结构如图5-7所示。

图5-7　Spring Boot整合JPA工程目录结构

第一步 pom.xml添加JPA依赖和MySQL驱动,参考代码如下:

```
1  <!--添加JPA依赖-->
2  <dependency>
3      <groupId>org.springframework.boot</groupId>
4      <artifactId>spring-boot-starter-data-jpa</artifactId>
5  </dependency>
6  <!--添加MySQL8.0依赖-->
7      以下略
```

第二步 在application.yml文件中添加数据源和JPA配置,参考代码如下:

```
1  spring:
2    datasource:
3      url: jdbc:mysql://localhost:3306/userdb?serverTimezone=UTC
4      username: root
5      password: root
```

```
6        driver-class-name: com.mysql.cj.jdbc.Driver
7
8    jpa:
9      hibernate:
10       ddl-auto: update #每次运行程序,没有表格会新建表格,表内有数据不会
11 清空,只会更新
12     show-sql: true #控制台打印输出SQL语句
13     properties:
14       hibernate:
15         format_sql: true #格式化输出SQL语句的格式
```

专家讲解

  ddl-auto:create:每次运行该程序,没有表格会新建表格,表内有数据会清空;

  ddl-auto:create-drop:每次程序结束的时候会清空表;

  ddl-auto:update:每次运行程序,没有表格会新建表格,表内有数据不会清空,只会更新;

  ddl-auto:validate:运行程序会校验数据与数据库的字段类型是否相同,不同会报错;

  正常运行的时候,一般设置为update属性。

第三步 新建实体类Users和Roles,参考代码如下:

Users.java

```
1   @Data
2   @Entity
3   @Table(name = "t_user")
4   public class Users {
5       @Id //主键id
6       @GeneratedValue(strategy = GenerationType.IDENTITY)//自动编号
7       private Integer id;
8       //如果类属性名称与表中字段名称不一致,需要加此注解
9       @Column(name = "uname")
10      private String name;
11      private Integer age;
12      private String address;
13      @ManyToOne
14      @JoinColumn(name = "roles",referencedColumnName = "role_id")
15      private Roles roles;
16  }
```

　　编写 Users 类时，@Table(name = "t_user")会报错，原因找不到数据源，下面操作步骤是讲解如何配置数据源的，如图 5-8，图 5-9，图 5-10，图 5-11 所示。

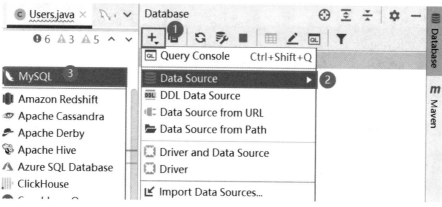

图 5-8　配置数据源

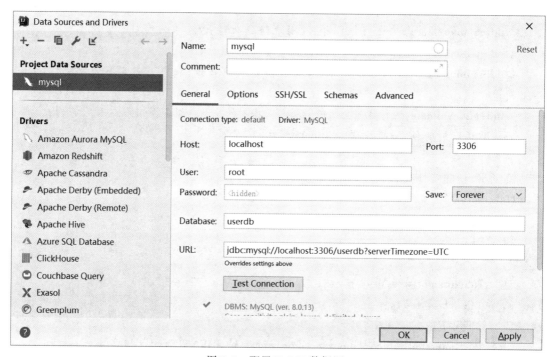

图 5-9　配置 MySQL 数据源

图 5-10　设置数据源

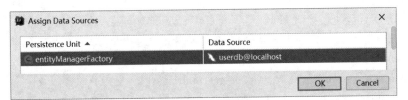

图5-11 关联数据源

Roles.java

```
1   @Data
2   @Table(name = "t_roles")
3   @Entity
4   public class Roles {
5       @Id
6       @Column(name = "role_id")
7       private Integer roleId;
8       @Column(name = "role_name")
9       private String roleName;
10  }
```

第四步 编写Dao接口，参考代码如下：

```
1   public interface UsersRepository extends JpaRepository<Users,Integer> {
2   //为空，不需要写东西
3   }
```

专家讲解

JpaRepository<T,ID>
参数一 T：当前需要映射的实体；
参数二 ID：当前映射的实体中的OID的类型。

第五步 编写测试类，运行并测试-分页查询所有用户信息，参考代码如下：

```
1   @SpringBootTest
2   class DemoApplicationTests {
3       @Autowired
4       UsersRepository usersRepository;
5       @Test
6       void contextLoads() {
7           Sort.Order order=new Sort.Order(Sort.Direction.DESC, "id");
8   Pageable pageable = PageRequest.of(0,2,Sort.by(order));
```

```
 9    Page<Users> page = usersRepository.findAll(pageable);
10    System.out.println("数据的总条数:"+page.getTotalElements());
11    System.out.println("总页数:"+page.getTotalPages());
12         List<Users> list = page.getContent();
13    for (Users users:list){
14             System.out.println(users);
15    }
16         }
17    }
```

第六步 运行测试,结果如图5-12所示。

tLoads (1) ×   ⚙

✔ Tests passed: 1 of 1 test – 281 ms

数据的总条数: 5
总页数: 3
Users(id=5, name=小赵, age=46, address=上海市, roles=Roles(roleId=3, roleName=经纪人))
Users(id=4, name=小李, age=70, address=上海市, roles=Roles(roleId=3, roleName=经纪人))

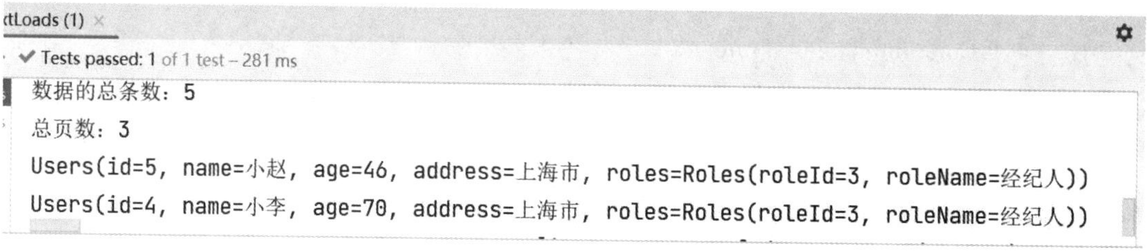

图5-12   分页查询所有用户信息测试结果

5.2.3 JPA提供的核心接口

JPA接口继承关系如图5-13所示。

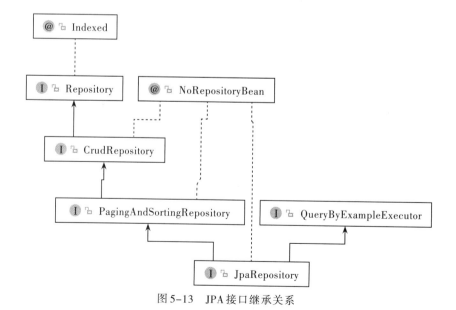

图5-13   JPA接口继承关系

1.Repository接口

Repository接口称作标识接口,里面什么方法都没有定义,但是它是一个JPA持久层接口的标识,只有继承了该接口的Dao接口,才能被Spring Data JPA实例化,而且它也提供了一些JPA持久化操作的规范,能够按照命名方法查询持久化数据和使用@Query注解查找持久化数据。

(1)基于方法名称命名查询方式:

```
1    public interface UsersRepositoryByName extends Repository<Users,Integer> {
2        //方法名称必须要遵循驼峰式命名规则,findBy(关键字)+属性名称(首字母
3    大写)+查询条件(首字母大写)
4        List<Users> findByName(String name);
5        List<Users> findByNameAndAge(String name,Integer age);
6        List<Users> findByNameLike(String name);
7    }
```

(2)基于@Query注解查询与更新:

```
1    public interface UsersQueryAnnotation extends JpaRepository<Users,Integer>
2    {
3        @Query("from Users where name = ?")
4        List<Users> queryByNameUserHQL(String name);
5        @Query(value = "select * from t_user where name=?",nativeQuery = true)
6        List<Users> queryByNameUseSQL(String name);
7        @Query("update Users set name=? where id=?")
8        @Modifying   //需要执行一个更新操作
9        void updateUsersNameById(String name,Integer id);
10   }
```

专家提示

1.有nativeQuery = true时,所谓本地查询,就是使用原生的SQL语句进行查询数据库的操作;

2.有@Modifying注解可以完成修改(UPDATE或者DELETE)操作,但不支持新增。

2.CrudRepository接口

CrudRepository接口,称作增删改查接口,它继承自Repository接口,提供了很多JPA规范的操作持久层数据的方法。

```
1    public interface UsersCrudRepository extends CrudRepository<Users,Integer>
2    {
3    }
```

3.PagingAndSortingRepository 接口

PagingAndSortingRepository 接口,称作分页排序接口,它继承自 CrudRepository 接口,除了继承了 CrudRepository 接口的方法,还定义了和分页排序相关的方法。

```
1   public interface UsersCrudRepository extends PagingAndSortingRepository
2   <Users,Integer> {
3   }
```

4.JpaRepository 接口

JpaRepository 接口,继承自 PagingAndSortingRepository 接口,拥有上述 3 个接口的所有特性和方法,它是 Spring Data JPA 开发中最重要的一个接口。

它把前 3 个接口中定义的方法进行了重写,适配了它们的返回值,避免了使用 JPA 操作持久化数据时结果的强制类型转换;定义了几个自己特有的方法,如 deleteAllInBatch、getOne 等;也实现了 QueryByExampleExecutor 接口,具备一定的条件查询能力:

```
1   public interface UsersRepository extends JpaRepository<Users,Integer> {
2   }
```

分页排序查询测试:

```
1   @Test
2   public void testJPASortAndPaging() {
3       Sort.Order order=new Sort.Order(Sort.Direction.DESC, "id");
4       Pageable pageable = PageRequest.of(0,2,Sort.by(order));
5       Page<Users> page= usersRepository.findAll(pageable);
6       System.out.println("总记录数:"+page.getTotalElements());
7       System.out.println("总页数:"+page.getTotalPages());
8       List<Users> list=page.getContent();
9       for (Users users:list){
10          System.out.println(users);
11      }
12  }
```

5.JPASpecificationExecutor 接口

JPASpecificationExecutor 接口,它没有继承自任何接口,它不能单独使用,必须结合以上 4 个接口之一使用,一般在 Spring Data JPA 开发中都是 JpaRepository + JpaSpecification Executor 接口一起使用,它提供了带条件查询的能力,而且还可以实现带条件分页、排序查询。

该接口主要是提供了多条件查询的支持,并且可以在查询中添加排序与分页。注意 JPASpecificationExecutor 是单独存在的。

```
1   public interface UserRepositorySpecification extends
2   JpaRepository<Users,Integer>,JpaSpecificationExecutor<Users> {
3   }
```

5.2.4　@Query 注解的用法

使用 @Query 注解有两种方式,一种是 JPQL 的 SQL 语言方式,另一种是原生 SQL 的语言,二者略有区别。

┌─ 专家讲解 ─────────────────────────────────────

　　JPQL(Java 持久性查询语言)是一种面向对象的查询语言,用于对持久实体执行数据库操作。JPQL 不使用数据库表,而是使用实体对象模型来操作 SQL 查询。JPA 的作用是将 JPQL 转换为 SQL,它为开发人员提供了一个处理 SQL 任务的简单方式。

　　默认配置下,使用了 @Query 注解后就不会再使用方法名解析的方式了,这种事依然是面向对象查询,SQL 语句中写实体类名和属性名,":"后加变量,表示这是一个参数,类似 SQL 预编译的"?"。

──

```
1   @Query("from User where userId = :userId")
2   User findByUserId(@Param("userId") Integer userId);
```

使用注解属性 native=true(默认 false),可执行原生 SQL 语句:

```
1   @Query(value="select * from t_user where user_id = :userId", native=true)
2   User findByUserId(@Param("userId") Integer userId);
```

修改操作需加上 @Modify 注解:

```
1   @Query(value="update User set userId = :userId")
2   @Modify
3   User findByUserId(@Param("userId") Integer userId);
```

┌─ 专家讲解 ─────────────────────────────────────

　　1.?加数字表示占位符,?1 代表在方法参数里的第一个参数,区别于其他的 index,这里从 1 开始;

　　2.=:加上变量名,这里是与方法参数中有 @Param 的值匹配的,而不是与实际参数匹配的;要使用原生 SQL 需要在 @Query 注解中设置 nativeQuery=true,然后 value 变更为原生 SQL 即可。

──

5.3 综合案例：用户信息分页查询功能

在参照 5.2.2 案例的基础上完成本案例：

第一步 编写 service 层 UserService 接口，参考代码如下：

```
1  public interface UserService {
2      Page<Users> findAll(int page, int pageSize);
3  }
```

第二步 编写 UserService 接口实现 UserServiceImpl 类，参考代码如下：

```
1  @Service
2  public class UserServiceImpl implements UserService {
3      @Autowired
4      UsersRepository usersRepository;
5
6      @Override
7      public Page<Users> findAll(int page, int pageSize) {
8          Pageable pageable = PageRequest.of(page, pageSize);
9          return usersRepository.findAll(pageable);
10     }
11 }
```

第三步 编写 Controller 层 UserController 类，参考代码如下：

```
1  @RestController
2  @RequestMapping("/user")
3  @CrossOrigin
4  public class UserController {
5      @Autowired//依赖注入
6  UserService userService;
7  @GetMapping("/findAllUserByPage")
8  public Page<Users> findByPage(Integer page,Integer pageSize) {
9      if (page == null || page <= 0) {
10         page = 0;
11     } else {
```

```
12          page -= 1;
13       }
14       if (pageSize == null || pageSize <= 0) {
15          pageSize = 5;
16        }
17       return userService.findAll(page, pageSize);
18 }
19 }
```

第四步　运行测试，输入 URL：http://localhost: 8080 / user / findAllUserByPage? page=0&pageSize=2，如图 5-14 所示。

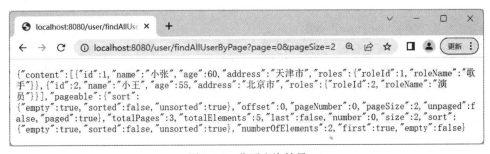

图 5-14　分页查询结果

第五步　利用 WebStrom 前端开发工具(也可以选择其他工具)进行前端页面编写，如 index.html。前端项目结构如图 5-15 所示。

图 5-15　前端项目结构

提示：(1)jquery.js 文件复制到工程目录中，使用 jquery ajax 实现异步请求。
(2)下载 bootstrap5 框架，拷贝到项目内，引用 bootstrap 样式修饰页面。
index.html 页面：

```
1      <link rel="stylesheet" href="bootstrap5/css/bootstrap.min.css">
2      <script type="text/javascript"
3 src="bootstrap5/js/bootstrap.bundle.js"></script>
4      <script src="js/jquery.js" type="text/javascript"
5 charset="utf-8"></script>
6      <script type="text/javascript">
```

```
7          var page = 1;
8          var pageSize = 2;//默认一页2条记录
9          var tp = 0;
10         $(function () {
11             showData();
12         });
13         function firstPage() {
14             if (page > 1) {
15                 page=1;
16                 showData();
17             }
18         }
19         function LastPage() {
20             if (page > 1) {
21                 page=10;//这个数需要计算出来,略
22                 showData();
23             }
24         }
25         function upPage() {
26             if (page > 1) {
27                 page--;
28                 showData();
29             }
30         }
31
32         function downPage() {
33             if (page < tp) {
34                 page++;
35                 showData();
36             }
37         }
38
39         function showData() {
40             $.ajax({
41                 url: 'http://localhost:8080/user/findAllUserByPage?page='
42 + page + "&pageSize=" + pageSize,
43                 success: function (result) {
44                     var rel = result.content;
45                     tp = result.totalPages;
```

```
46  var htmlStr ="<tr><th>ID</th><th>姓名</th><th>角色</th><th>家庭地址
47  </th><th>操作</th></tr>";
48                      for (var i = 0; i < rel.length; i++) {
49                          var user = rel[i];
50  htmlStr += "<tr><td>" + user.id + "</td><td>" + user.name + "</td><td>"+
51  user.roles.roleName + "</td><td>" + user.address + "</td>"+ "<td><a
52  href='#'>编辑</a> <a href='#'>删除</a></td></tr>";
53                      }
54              $("#show").html(htmlStr);
55                  }
56              });
57          }
58      </script>
59  </head>
60  <body>
61  <div class="container">
62      <h1 style="text-align: center;">用户信息查询系统</h1>
63      <hr>
64      <table class="table table-bordered table-hover table-striped">
65          <tbody id="show"> </tbody>
66      </table>
67      <div align="right">
68      <a href="javascript:upPage();" class="btn btn-primary">首页</a>
69      <a href="javascript:upPage();" class="btn btn-primary">上一页</a>
70      <a href="javascript:downPage();" class="btn btn-primary">下一页</a>
71      <a href="javascript:downPage();" class="btn btn-primary">尾页</a>
72      </div>
73  </div>
74  </body>
```

第六步 浏览器打开index.html页面,前端页面展示效果如图5-16所示。

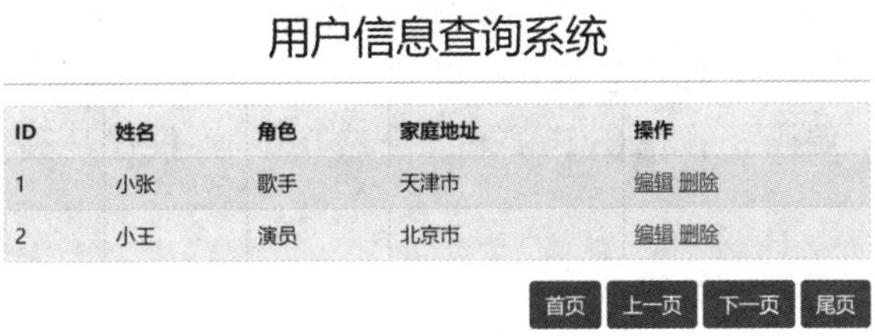

图5-16 整合JPA项目分页查询效果

提示:项目中的几乎所有查询都是要做分页功能的,理解这一点对于初学者很有帮助。

5.4 Spring Boot集成Druid连接池

5.4.1 关于数据库连接池

1.早期数据库访问

(1)装载数据库驱动程序;

(2)通过JDBC建立数据库连接;

(3)访问数据库,执行SQL语句;

(4)断开数据库连接。

2.并发量大的网站导致以下问题

(1)每一次Web请求都要建立一次数据库连接,在同样的步骤下重复占用系统资源;

(2)不能控制被创建的连接对象数,系统资源会被毫无顾忌地分配出去;

(3)如连接过多,也可能导致内存泄漏、服务器崩溃。

3.数据库连接池

(1)连接池的作用是为了提高性能,将已经创建好的连接保存在池中,当有请求来时,直接使用已经创建好的连接对Server端进行访问;

(2)这样省略(复用)了创建连接和销毁连接的过程(TCP连接建立时的三次握手和销毁时的四次握手),从而在性能上得到了提高;

(3)Druid GitHub的Wiki上自称是Java语言最好的数据库连接池。

4.为什么要用数据库连接池

在没有数据库连接池的情况下,一个客户每次访问,就要创建一个数据库连接,执行SQL,获取结果,然后关闭、释放掉数据库连接。这样问题就在于创建一个数据库连接,是一个很消耗资源和时间的操作。于是,数据库连接池产生了。数据库连接池是预先打开一定数量的数据库连接,并维持着连接。当客户要执行SQL语句的时候,从数据库连接池里面获取一个连接,执行SQL,获取结果,然后把数据库连接交还给数据库连接池。

5.4.2 关于Druid连接池

Druid是阿里巴巴开源平台上一个数据库连接池实现,它结合了C3P0、DBCP、PROXOOL等DB池的优点,同时加入了日志监控,可以很好地监控DB池连接和SQL的执行情况。Druid是一个开源项目,源码托管在GitHub上。当然Druid不仅仅是一个连接池,还有很多其他的功能。

Druid的优点:

(1)高性能。性能比DBCP、c3p0高很多。

(2)只要是JDBC支持的数据库,Druid都支持,对数据库的支持性好。并且Druid针对Oracle、MySQL做了特别优化。

（3）提供监控功能。可以监控 SQL 语句的执行时间、ResultSet 持有时间、返回行数、更新行数、错误次数、错误堆栈等信息，来了解连接池、SQL 语句的工作情况，方便统计、分析 SQL 的执行性能。

5.4.3 Spring Boot 集成 Druid 连接池

第一步 pom 添加 Druid 依赖和 Log4j 依赖：

```
1   <dependency>
2       <groupId>com.alibaba</groupId>
3       <artifactId>druid-spring-boot-starter</artifactId>
4       <version>1.2.8</version>
5   </dependency>
6   <dependency>
7       <groupId>log4j</groupId>
8       <artifactId>log4j</artifactId>
9       <version>1.2.17</version>
10  </dependency>
```

第二步 在 application.properties 中添加 Druid 连接池配置：

```
1   #mysql 配置
2   spring.datasource.url=jdbc:mysql://localhost:3306/userdb?serverTimezone=UTC
3
4   spring.datasource.username=root
5   spring.datasource.password=root
6   #阿里 druid 连接池驱动配置信息
7   spring.datasource.type=com.alibaba.druid.pool.DruidDataSource
8   #连接池的配置信息
9   #初始化大小,最小,最大
10  spring.datasource.initialSize=2
11  spring.datasource.minIdle=2
12  spring.datasource.maxActive=3
13  #配置获取连接等待超时的时间
14  spring.datasource.maxWait=6000
15  #配置间隔多久才进行一次检测,检测需要关闭的空闲连接,单位是毫秒
16  spring.datasource.timeBetweenEvictionRunsMillis=60000
17  #配置一个连接在池中最小生存的时间,单位是毫秒
18  spring.datasource.minEvictableIdleTimeMillis=300000
19  spring.datasource.validationQuery=SELECT 1 FROM DUAL
```

```
20   spring.datasource.testWhileIdle=true
21   spring.datasource.testOnBorrow=false
22   spring.datasource.testOnReturn=false
23   #打开PSCache,并且指定每个连接上PSCache的大小
24   spring.datasource.poolPreparedStatements=true
25   spring.datasource.maxPoolPreparedStatementPerConnectionSize=20
26   #配置监控统计拦截的filters,去掉后监控界面sql无法统计,'wall'用于防火墙
27
28   spring.datasource.filters=stat,wall,log4j
29   #通过connectProperties属性来打开mergeSql功能;慢SQL记录
30   spring.datasource.connectionProperties=druid.stat.mergeSql=true;druid
31   .stat.slowSqlMillis=5000
```

第三步 新建config包,加入DruidDBConfig实现类,参考代码如下:

```
1    @Configuration
2    public class DruidDBConfig {
3        //加载application.properties中的Druid配置
4        @ConfigurationProperties(prefix = "spring.datasource")
5        @Bean
6        public DataSource druid(){
7            return  new DruidDataSource();
8        }
9        //配置Druid的监控
10       //1、配置一个管理后台的Servlet
11       @Bean
12       public ServletRegistrationBean statViewServlet(){
13           ServletRegistrationBean bean = new ServletRegistrationBean(new
14   StatViewServlet(), "/druid/*");
15           Map<String,String> initParams = new HashMap<>();
16           initParams.put("loginUsername","admin");
17           initParams.put("loginPassword","123456");
18           initParams.put("allow","");//默认就是允许所有访问
19           bean.setInitParameters(initParams);
20           return  bean;
21       }
22       //2、配置一个web监控的filter
23       @Bean
24       public FilterRegistrationBean webStatFilter(){
```

```
25          FilterRegistrationBean bean = new FilterRegistrationBean();
26          bean.setFilter(new WebStatFilter());
27          Map<String,String> initParams = new HashMap<>();
28          initParams.put("exclusions","*.js,*.css,/druid/*");
29          bean.setInitParameters(initParams);
30          bean.setUrlPatterns(Arrays.asList("/*"));
31          return    bean;
32      }
33 }
```

由于目前 Spring Boot 中默认支持的连接池只有 dbcp、dbcp2、tomcat、hikari 连接池，Druid 暂时不在 Spring Boot 的直接支持中，需要进行配置信息的定制。

第四步　输入 http://localhost:8080/druid，登录测试（用户名 admin，密码 123456），如图 5-17 所示。

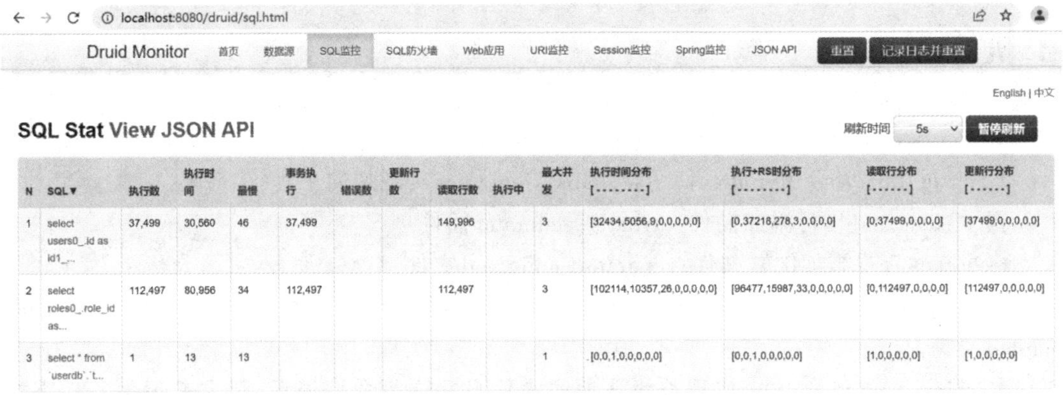

图 5-17　Druid 连接池 SQL 监控

本章小结

对象关系映射（Object Relational Mapping，ORM）是通过使用描述对象和数据库之间映射的元数据，将面向对象语言程序中的对象自动持久化到关系数据库中。简单来说就是将数据库表与 java 实体对象做一个映射。

本章主要讲解了 MyBatis 介绍，Spring Boot 整合 MyBatis，JPA 介绍，Spring Boot 整合 JPA，以及如何实现分页查询功能，最后讲解了 Spring Boot 如何集成 Druid 连接池。本章内容较多，篇幅有限，而且作为最重要的一个章节，需要进行大量的练习，其他相关知识请大家自行扩展。

软件永远不会"完成",软件是一个迭代的过程,在其生命周期中包含许多修订和更新。

——Java领路人

经典面试题

1.简述一下什么是MyBatis框架。

2.简述一下什么是JPA。

3.什么是MyBatis Plus?

4.Spring Data JPA提供哪些核心接口?

5.什么是Druid数据库连接池?

上机练习

1.Spring Boot整合MyBatis,使用Mybatis Generator实现逆向工程。

提示:pom.xml自行添加插件:mybatis-generator插件

resources自行添加配置文件:generatorConfig.xml文件

2.使用easycode插件对数据的表实现逆向工程,生成entity、controller、service、dao、mapper层等。

3.Spring Boot整合JPA,实现查找数据库表信息并进行数据展示,要求实现多条件查询和分页功能。

第6章

Spring Boot实现Web的常用功能

通常在Web开发中,会涉及静态资源的访问支持、视图解析器的配置、转换器和格式化器的定制等功能,甚至还需要考虑与Web服务器关联的Servlet相关组件的使用,如Servlet、Filter、Listener等。Spring Boot框架支持整合一些常用Web框架,默认支持Web开发中的一些通用功能。本章将对Spring Boot实现Web开发中涉及的一些常用功能进行详细讲解。

本章要点(在学会的前面打钩)
□ 掌握Spring Boot整合Servlet三大组件
□ 掌握Spring Boot整合JSP实现
□ 掌握Spring Boot拦截器的使用
□ 掌握Spring Boot项目打包和部署

6.1 Spring Boot整合Servlet三大组件

进行Java Web开发时,通常首先自定义Servlet、Filter、Listener三大组件,然后在文件web.xml中进行配置,而Spring Boot使用的是内嵌式Servlet容器,没有提供外部配置文件web.xml,那么Spring Boot是如何整合Servlet的相关组件呢? Spring Boot提供了组件注册和路径扫描两种方式整合三大组件,接下来我们分别对这两种整合方式进行详细讲解。

6.1.1 注册整合Servlet三大组件

在Spring Boot中,使用组件注册方式整合内嵌Servlet容器的Servlet、Filter、Listener三大组件时,只需将这些自定义组件通过ServletRegistrationBean、FilterRegistrationBean、ServletListenerRegistrationBean类注册到容器中即可。

1.组件注册方式整合Servlet

第一步 在项目中创建名为com.isoft.servletComponent的包,并在该包下创建一个继承了HttpServlet的类MyServlet,参考代码如下:

```
1  @Component
2  public class MyServlet extends HttpServlet {
3      @Override
4      protected void doGet(HttpServletRequest req, HttpServletResponse resp)
5  throws ServletException, IOException {
6          this.doPost(req, resp);
7      }
8      @Override
9      protected void doPost(HttpServletRequest req, HttpServletResponse resp)
10 throws ServletException, IOException {
11         resp.getWriter().write("hello MyServlet");
12     }
13 }
```

在文件中,使用@Component注解将MyServlet类作为组件注入Spring容器。MyServlet类继承自HttpServlet,通过HttpServletResponse对象向页面输出"hello MyServlet"。

第二步　在项目com.isoft.config包下创建一个Servlet组件配置类ServletConfig,用来对Servlet相关组件进行注册,参考代码如下:

```
1  @Configuration
2  public class ServletConfig {
3      // 注册Servlet组件
4      @Bean
5      public ServletRegistrationBean getServlet(MyServlet myServlet) {
6          ServletRegistrationBean registrationBean =
7              new ServletRegistrationBean(myServlet, "/myServlet");
8          return registrationBean;
9      }
10 }
```

文件中,使用@configuration注解将ServletConfig标注为配置类,ServletConfig类内部的getServlet()方法用于注册自定义的MyServlet,并返回ServletRegistrationBean类型的Bean对象。

第三步　启动项目进行测试,在浏览器上访问"http://localhost:8080/myServlet",效果如图6-1所示。

hello MyServlet

图6-1　使用组件注册方式整合Servlet的运行结果

从图结果可以看出,能够访问mySenvlet并正常显示数据,说明Spring Boot成功整合了Servlet组件。

2.使用组件注册方式整合Filter

第一步 在com.isoft.servletComponent包下创建一个类MyFilter,参考代码如下:

```
1   @Component
2   public class MyFilter implements Filter {
3       @Override
4       public void doFilter(ServletRequest servletRequest, ServletResponse
5   servletResponse,FilterChain filterChain) throws IOException,
6   ServletException {
7           System.out.println("hello MyFilter");
8           filterChain.doFilter(servletRequest,servletResponse);
9       }
10      //其他方法略
11  }
```

在文件中,使用@Component注解将当前MyFilter类作为组件注入到Spring容器中。MyFilter类实现了Filter接口,并重写了init()、doFilter()和destroy()方法,在doFilter()方法中向控制台打印了"hello MyFilter"字符串。

第二步 向Servlet组件配置类注册自定义Filter类。打开之前创建的Servlet组件配置类ServletConfig,将该自定义Filter类使用组件注册方式进行注册,参考代码如下:

```
1   // 注册Filter组件
2   @Bean
3   public FilterRegistrationBean getFilter(MyFilter filter){
4       FilterRegistrationBean registrationBean =new
5   FilterRegistrationBean(filter);
6       registrationBean.setUrlPatterns(Arrays.asList("/myServlet",
7   "/myFilter"));
8       return registrationBean;
9   }
```

上述代码中,使用组件注册方式注册自定义的MyFilter类。在getFilter(MyFilter filter)方法中,使用serUrlPatterns(Arrays.asList("/ myServlet","/myFilter"))方法定义了过滤的请求路径为"/myServlet"和"/myFilter",同时使用@Bean注解将当前组装好的FilterRegistrationBean对象作为Bean组件返回。

完成Filter的自定义配置后启动项目,项目启动成功后,在浏览器上访问http://localhost:8080/myFilter查看控制台打印效果(由于没有编写对应路径的请求处理方法,所有浏览器会出现404错误页面,这里重点关注控制台输出即可),具体如图6-2所示。

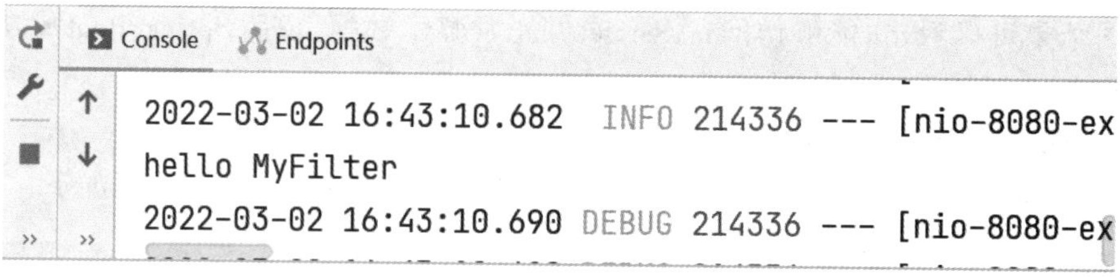

图6-2 使用组件注册方式整合 Filter 的运行结果

在图6-2中,浏览器访问 http://localhost:8080/myServlet 时,控制台打印了自定义 Filter 中定义的输出语句"hello MyFilter",这也就说明 Spring Boot 整合自定义 Filter 组件成功。

3. 使用组件注册方式整合 Listener

第一步 在 com.isoft.servletComponent 包下常见一个类 MyListener,参考代码如下:

```
1   @Component
2   public class MyListener implements ServletContextListener {
3       @Override
4       public void contextInitialized(ServletContextEvent
5   servletContextEvent) {
6           System.out.println("上下文初始化...");
7       }
8       @Override
9       public void contextDestroyed(ServletContextEvent servletContextEvent)
10  {
11          System.out.println("上下文销毁...");
12      }
13  }
```

在文件中,使用@Component注解将 MyListener 类作为组件注册到 Spring 容器中。MyListener 类实现了 ServletContextListener 接口,并重写了 contextInitialized()和 contextDestroyed()方法。

需要说明的是,Servle 容器提供了很多 Listener 接口,例如 ServletRequestListener、HttpSessionListener、ServletContextListener 等,我们在自定义 Listener 类时要根据自身需求选择实现对应接口即可。

第二步 打开之前创建的 Servlet 组件配置类 ServletConfig,将该自定义 Listener 类使用注册方式进行注册,参考代码如下。

```
1   @Bean
2       public ServletListenerRegistrationBean getServletListener(MyListener
3   myListener){
4       ServletListenerRegistrationBean registrationBean = new
5   ServletListenerRegistrationBean(myListener);
6           return registrationBean;
7       }
```

第三步 完成自定义Listener组件注册后启动项目,项目启动成功后查看控制台打印效果,效果如图6-3所示。

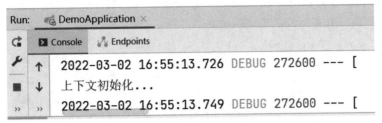

图6-3 项目启动后控制器打印效果(组件注册方式)

程序启动完成后,控制台会打印出自定义Listener组件中定义的输出语句"上下文初始化..."。

使用 ServletRegistrationBean、FilterRegistrationBean、ServletListenerRegistrationBean 组件组装配置的根本目的是对一些请求路径和参数进行初始化设置和组装。假设没有组件注册,那么自定义 Servlet 虽然生效,但无法确定是哪个访问路径生效。自定义的 Filter 会对所有的请求都进行过滤,不会出现选择性过滤的情况。而自定义的 Listener 则没有太大影响,因为该组件基本不需要设置什么参数。

6.2.2 路径扫描整合 Servlet 三大组件

在 Spring Boot 中,使用路径扫描的方式整合内嵌式 Servlet 容器的 Servlet、Filter、Listener 三大组件时,首先需要在自定义组件上分别添加@WebServlet、@WebFilter 和@WebListener 注解进行声明,并配置相关注解属性,然后在主程序启动类上使用@ServletComponentScan 注解开启组件扫描即可。

1.使用路径扫描方式整合 Servlet、Filter、Listener

为了简化操作,我们在6.1.1小节自定义组件的基础上使用路径扫描的方式实现 Servlet 容器的 Servlet、Filter、Listener 三大组件的整合。为了避免与之前编写的使用组件注册的方式相互干扰,先将之前自定义的 Servlet 组件配置类 ServletConfig 的@Configuration 注释掉,同时注释掉自定义 Servlet、Filter、Listener 三大组件类上的@Component 注解。

在MyServlet、MyFilter、MyListener组件中分别使用@WebServlet、@WebFilter 和@WebListene 注解声明并配置相关属性,修改后的内容分别如下:

MyServlet.java

```
1  @WebServlet("/annotationServlet")
2  public class MyServlet extends HttpServlet {
3      @Override
4      protected void doGet(HttpServletRequest req, HttpServletResponse resp)
5  throws ServletException, IOException {
6          this.doPost(req, resp);
7      }
```

```
8        @Override
9        protected void doPost(HttpServletRequest req, HttpServletResponse resp)
10 throws ServletException, IOException {
11           resp.getWriter().write("hello MyServlet");
12       }
13 }
```

MyFilter.java

```
1  @WebFilter(value = {"/antionLogin","/antionMyFilter"})
2  public class MyFilter implements Filter {
3      @Override
4      public void doFilter(ServletRequest servletRequest, ServletResponse
5  servletResponse,FilterChain filterChain) throws IOException,
6  ServletException {
7          System.out.println("hello MyFilter");
8          filterChain.doFilter(servletRequest,servletResponse);
9      }
10 }
```

MyListener.java

```
1  @WebListener
2  public class MyListener implements ServletContextListener {
3      @Override
4      public void contextInitialized(ServletContextEvent
5  servletContextEvent) {
6          System.out.println("上下文初始化...");
7      }
8      @Override
9      public void contextDestroyed(ServletContextEvent servletContextEvent)
10 {
11          System.out.println("上下文销毁...");
12      }
13 }
```

在以上文件中，分别自定义了 Servlet、Filter、Listener 组件。在对应组件上分别使用 @WebServlet("/annotationServlet")注解来映射"/annotationServlet"请求的 Servlet 类，使用 @WebFilter(value={"/annotationLogin","/annotationMyFilter"})注解来映射"/annotationLogin"和

"/annotationMyFilter"请求的Filter类,使用@WebListener注解来标注Listener类。

使用相关注解配置好自定义Servlet、Filter、Listener三大组件后,下面我们在项目主程序启动类上添加@ServletComponentScan注解,开启基于注解方式的Servlet组件扫描,内容如文件DemoApplication.java。

```
1  @ServletComponentScan   // 开启基于注解方式的Servlet组件扫描支持
2  @SpringBootApplication
3  public class DemoApplication{
4      public static void main(String[] args) {
5              SpringApplication.run(DemoApplication.class, args);
6      }
7  }
```

2.测试效果

启动项目,查看控制台打印效果,如图6-4所示。

在浏览器上访问"http://localhost:8080/annotationServlet",如图6-5所示。

图6-4 项目启动后控制台打印效果

图6-5 annotationServlet浏览器打印结果

在浏览器上访问http://localhost:8080/annotationMyFilter,查看控制台打印效果,如图6-6所示。

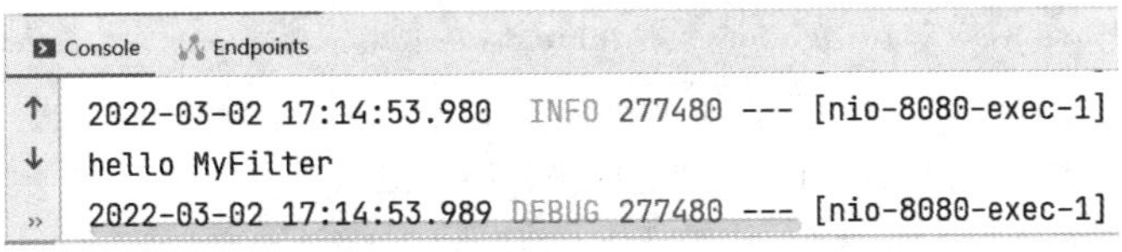

图6-6 访问annotationMyFilter控制台打印效果

单击IDEA工具控制台左侧的【Exit】按钮关闭当前项目,再次查看控制台打印效果,如图6-7所示。

图6-7 项目关闭后控制台打印效果

通过上述效果演示可以看出,使用路径扫描的该方式同样成功实现了 Spring Boot 与 Servlet 容器中三大组件的整合。

至此,关于 Spring Boot 内嵌式 Servlet 容器中 Servlet、Filter、Listener 组件的整合讲解已经完成。大家在开发过程中,可以根据实际需求选择性地定制相关组件进行使用。

6.2 Spring Boot 整合 JSP

第一步 创建 Spring Boot 项目,仅选择 Web 模块即可。

第二步 添加相关依赖,参考代码如下:

```
1  <!-- 添加 servlet 依赖模块 -->
2  <dependency>
3      <groupId>javax.servlet</groupId>
4      <artifactId>javax.servlet-api</artifactId>
5  </dependency>
6  <!-- 添加 jstl 标签库依赖模块 -->
7  <dependency>
8      <groupId>javax.servlet</groupId>
9      <artifactId>jstl</artifactId>
10 </dependency>
11 <!--添加 tomcat 依赖模块 .-->
12 <dependency>
13     <groupId>org.springframework.boot</groupId>
14     <artifactId>spring-boot-starter-tomcat</artifactId>
15 </dependency>
16 <!-- 使用 jsp 引擎,springboot 内置 tomcat 没有此依赖 -->
17 <dependency>
18     <groupId>org.apache.tomcat.embed</groupId>
19 <artifactId>tomcat-embed-jasper</artifactId>
20 <scope>provided</scope>
21 </dependency>
```

第三步 新建 webapp 目录,并新建 webapp/WEB-INF 和 webapp/jsps 两个目录,目录结构参考如图 6-8 所示。

注意:webapp 一定要在 main 目录下,与/java 同级。

图6-8 webapp目录结构

第四步 在核心配置文件application.properties中添加视图解析器的前缀、后缀和静态资源访问配置,参考代码如下:

```
1  #设定视图解析器的前缀,这里的前缀根据你jsp文件的位置进行选择
2  spring.mvc.view.prefix=/jsps/
3  #设定视图解析器的后缀
4  spring.mvc.view.suffix=.jsp
5  #静态文件访问配置
6  spring.mvc.static-path-pattern=/static/**
```

第五步 修改工程结构,添加JSP文件支持,如图6-9所示。

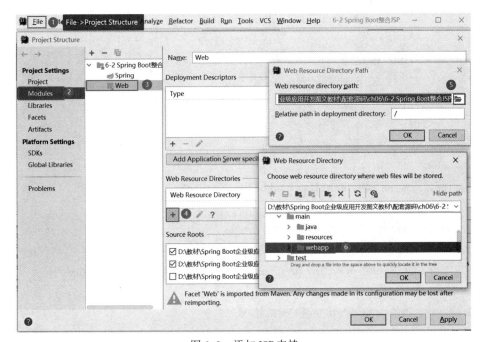

图6-9 添加JSP支持

第六步　创建 JSP 文件：webapp/jsps/showUserInfo.jsp，编写 showUserInfo.jsp 文件内容，实现遍历用户信息功能，如图 6-10 所示。

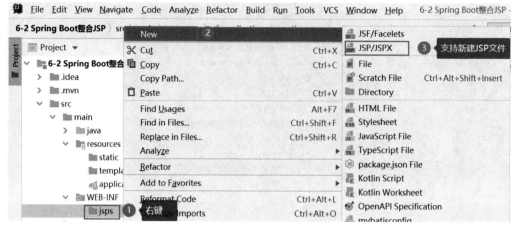

图 6-10　新建 JSP 文件

showUserInfo.jsp 参考代码如下：

```
1   <%@ page import="java.util.Date" %>
2   <%@ page contentType="text/html;charset=UTF-8" language="java" %>
3   <%@taglib prefix="c" uri="http://java.sun.com/jsp/jstl/core" %>
4   <html>
5   <head>
6       <title>Title</title>
7       <style>
8           table {
9               border-collapse: collapse;
10          }
11          table tr td {
12              border: 1px gray solid;
13          }
14      </style>
15  </head>
16  <body>
17  当前系统时间:<%=new Date().toLocaleString()%>
18  <hr>
19  <table border="1" width="100%">
20      <caption>显示所有用户数据</caption>
21      <c:forEach items="${requestScope.allUser}" var="item" varStatus="i">
22          <tr>
23              <td>${i.index+1}</td>
```

```
24              <td>${item.uname}</td>
25              <td>${item.age}</td>
26          </tr>
27      </c:forEach>
28  </table>
29  </body>
30  </html>
```

第七步 新建 com/isoft/controller 文件夹,创建控制器类 UserController,使用硬编码实现提供用户信息功能路由接口,参考代码如下:

```
1   @Controller
2   public class UserController {
3   @RequestMapping("/toShowUserInfo")
4   public ModelAndView toShowUserInfo(){
5       ModelAndView view = new ModelAndView();
6       view.setViewName("showUserInfo");
7       List<Map<String ,Object>> list=new ArrayList<>();
8   for (int i = 0; i <10 ; i++) {
9       int n = 6;//需要生成几位
10      String str = "";//最终生成的字符串
11      for (int j = 0; j < n; j++) {
            str = str + (char)(Math.random()*26+'a');
        }
        HashMap<String, Object> hashMap = new HashMap<>();
        hashMap.put("uname",str);
        hashMap.put("age",(int)(Math.random()*40)+10);
        list.add(hashMap);
    }

        view.addObject("allUser",list);
        System.out.println(list);
        return view;
        }
```

第八步 配置 web resources directorys 工作目录(非必要),如图6-11所示。

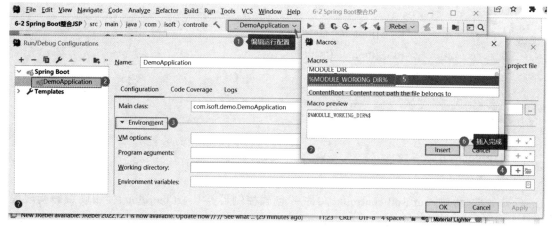

图 6-11　配置工作环境目录

第九步　检查启动类文件位置（位于 Controller 外层），启动运行项目，打开浏览器输入 URL：http://localhost:8080/toShowUserInfo，运行结果如图 6-12 所示。

当前系统时间：2022-4-6 11:31:14

显示所有用户数据

1	ebopxz	43
2	dthecy	43
3	ldmbgx	41
4	ubbldr	22
5	zevypk	14
6	pjockr	41
7	cuioal	13
8	rtwtmo	12
9	vtpfdk	39
10	baqorh	35

图 6-12　Spring Boot 整合 JSP 运行结果

6.3　Spring Boot 拦截器

在 Web 开发中，拦截器是经常用到的功能，作用类似于 Java Web 的过滤器，它们都可以对一个请求进行拦截处理，可以帮我们验证是否登录、权限认证、数据校验、预先设置数据以及统计方法的执行效率等。

在 Spring Boot 中实现拦截器主要有：一个是使用 HandlerInterceptor，一个是使用 MethodInterceptor（不考虑使用）。下面只讲第一种。

6.3.1 HandlerInterceptor拦截器

Spring Boot中拦截器的接口是HandlerInterceptor,接口里有三个方法。

```
1  boolean preHandle(HttpServletRequest request, HttpServletResponse
2  response, Object handler) throws Exception;
3
4  void postHandle(HttpServletRequest request, HttpServletResponse response,
5  Object handler, ModelAndView modelAndView) throws Exception;
6
7  void afterCompletion(HttpServletRequest request, HttpServletResponse
8  response, Object handler, Exception ex)  throws Exception;
```

1.preHandle方法

用来拦截处理器的执行,preHandle方法是在Controller处理之前调用的。可以同时存在多个interceptor,它们基于链式方式调用,每个interceptor都根据其声明顺序依次执行。这种链式结构可以中断,当方法返回false时整个请求就结束了。

该方法的返回值是布尔类型,如果方法返回false,那后面的interceptor和Controller都不会执行。如果返回值为true,则接着调用下一个interceptor的preHandle方法。如果当前是最后一个interceptor,接下来就会直接调用Controller的处理方法。

2.postHandle方法

postHandle会在Controller方法调用之后,但是在DispatcherServlet(前置控制器)渲染视图之前调用。因此我们可以在这个阶段,对将要返回给客户端的ModelAndView进行操作。

3.afterCompletion方法

afterCompletion在当前interceptor的preHandle方法返回true时才执行。该方法会在整个请求处理完成后被调用,就是DispatcherServlet渲染视图完成以后,主要是用来进行资源清理工作。

6.3.2 综合案例:登录拦截校验和记录请求耗时

下面来看看如何在Spring Boot项目中自定义一个拦截器,实现登录拦截校验和记录方法的请求耗时功能。

为了方便测试,简化一下场景,如果能够从请求头中获取到userId的值代表已经登录,否则表示未登录。如果没有登录,给客户端直接响应HTTP的401错误码,并且输出一个"please login"字符串,整个请求就结束不往下走。如果登录了,则把请求交给下一个拦截器处理。实现参考代码如下:

第一步 编写登录校验拦截器:LoginCheckHandlerInterceptor,参考代码如下:

```
1   public class LoginCheckHandlerInterceptor implements HandlerInterceptor {
2       Log log= LogFactory.getLog(LoginCheckHandlerInterceptor.class);
3       @Override
4       public boolean preHandle(HttpServletRequest request,
5   HttpServletResponse response, Object handler) throws Exception {
6           log.info("执行拦截器 preHandle 方法");
7           String userId = request.getHeader("userId");
8           if (StringUtils.isEmpty(userId)) {
9               response.setStatus(401);
10              response.getWriter().print("请登录");
11              response.getWriter().flush();
12              return false;
13          }
14          return true;
15      }
16
17      @Override
18      public void postHandle(HttpServletRequest request, HttpServletResponse
19  response, Object handler, ModelAndView modelAndView) throws Exception {
20          log.info("执行拦截器 postHandle 方法");
21      }
22
23      @Override
24      public void afterCompletion(HttpServletRequest request,
25  HttpServletResponse response, Object handler, Exception ex) throws
26  Exception {
27          log.info("执行拦截器 afterCompletion 方法");
28      }
29  }
30
31
```

第二步 编写记录方法耗时拦截:LogProcessTimeHandlerInterceptor,参考代码如下:

```
1   public class LogProcessTimeHandlerInterceptor implements HandlerInterceptor
2   {
3   Log log= LogFactory.getLog(LogProcessTimeHandlerInterceptor.class);
4       ThreadLocal<Long> processTimeThreadLocal = new ThreadLocal<>();
5       @Override
```

```
6      public boolean preHandle(HttpServletRequest request,
7   HttpServletResponse response, Object handler) throws Exception {
8          long beginTime = System.currentTimeMillis();
9          processTimeThreadLocal.set(beginTime);
10         return true;
11     }
12
13     @Override
14     public void afterCompletion(HttpServletRequest request,
15  HttpServletResponse response, Object handler, Exception ex) throws Exception
16  {
17         long endTime = System.currentTimeMillis();
18         long processTime = endTime - processTimeThreadLocal.get();
19         log.info("这个请求过程需要的时间:{"+processTime+"} 毫秒");
20     }
21  }
```

第三步 编写配置文件,注册拦截器,参考代码如下:

```
1
2   @Configuration
3   public class WebAppConfigurer implements WebMvcConfigurer {
4       @Override
5       public void addInterceptors(InterceptorRegistry registry) {
6           registry.addInterceptor(new LoginCheckHandlerInterceptor())
7               .addPathPatterns("/**") //拦截
8               .excludePathPatterns("/", "/login", "/swagger-ui.html");
9                   //排除拦截
10          registry.addInterceptor(new LogProcessTimeHandlerInterceptor())
11              .addPathPatterns("/**")
12              .excludePathPatterns("/", "/login", "/swagger-ui.html");
13      }
14  }
15
```

第四步 编写 HelloController 控制器类,实现 sayHello 方法,函数体内使用 Thread.sleep 随机睡眠一段时间,用来模拟其他业务操作处理耗时,最后返回一个"Hello"的打招呼字符串。

```
1  @RestController
2  public class HelloController {
3      @RequestMapping("/sayHello")
4      public String sayHello(String name) throws InterruptedException {
5          Thread.sleep(new Random().nextInt(5) * 1000);
6          return "Hello " + name;
7      }
8  }
```

第五步 打开 Apifox 测试工具,验证一下未登录的场景下拦截器是否生效,请求
"/sayHello"接口,如果请求头中没有设置 userId,将得到一个"请登录"响应字符串,拦截
成功。

再验证登录的场景,在请求头添加 userId=666,重新发起请求,那这次请求将会成功,可
以看到"Hello 老张"的响应,添加请求头参数和 Param 参数,如图 6-13,图 6-14 所示。

图 6-13 Apifox 添加 Header 参数

图 6-14 Apifox 添加请求参数

第六步 启动运行,然后在控制台上可以看到日志记录了本次请求处理耗时,拦截器也
生效了,如图 6-15 所示。

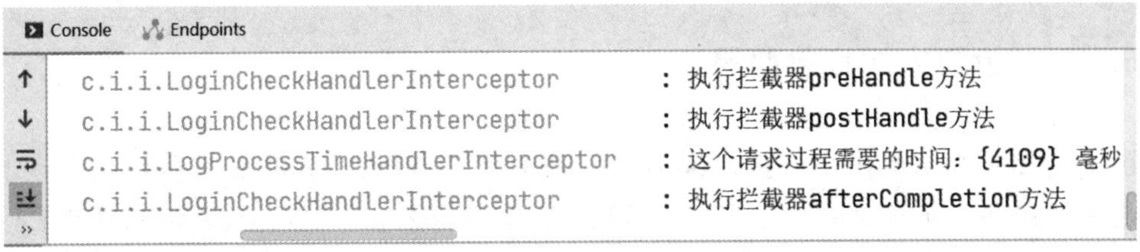

▶ Console Endpoints

```
↑   c.i.i.LoginCheckHandlerInterceptor        : 执行拦截器preHandle方法
↓   c.i.i.LoginCheckHandlerInterceptor        : 执行拦截器postHandle方法
⇥   c.i.i.LogProcessTimeHandlerInterceptor    : 这个请求过程需要的时间：{4109} 毫秒
⭳   c.i.i.LoginCheckHandlerInterceptor        : 执行拦截器afterCompletion方法
»
```

图6-15 拦截器执行信息

专家讲解

1. 由于前面我们配置拦截器的时候，先申明LogProcessTimeHandlerInterceptor，然后再是LoginCheckHandlerInterceptor。

2. 通过日志打印也证实，拦截器内方法的执行顺序依次是：preHandle --->postHandle ---> afterCompletion。

3. preHandle方法是按拦截器申明的顺序来执行的，先申明的先执行，后申明的后执行。

4. postHandle、afterCompletion方法是以拦截器申明相反的顺序来执行，先申明的后执行。

5. 最后，通过这一张图可以更直观地看到拦截器各个方法的调用顺序、拦截器与拦截器之间的先后执行顺序。

多个拦截器执行顺序如图6-16所示。

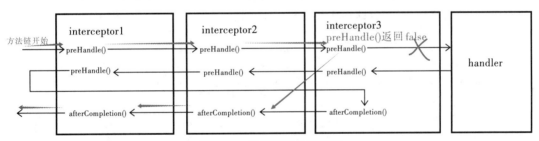

图6-16 拦截器链执行顺序

6.4 Spring Boot应用的打包和部署

传统的Web应用进行打包部署时，通常会打成War包的形式，然后将War包部署到Tomcat等服务器中，而Spring Boot应用使用的是嵌入式Servlet容器，也就是说，Spring Boot应用默认是以Jar包形式进行打包部署的，而如果想要使用传统的War包形式打包部署，就需要进行一些配置。接下来我们就分别讲解Spring Boot应用以Jar包和War包的形式进行打包和部署的方法。

6.4.1　Jar包方式打包部署

由于 Spring Boot应用中已经嵌入 Tomcat服务器,所以将 Spring Boot应用以默认Jar包形式进行打包部署非常简单和方便。这里我们以创建好的6-3项目为例,演示在IDEA开发工具中如何进行打包部署,具体操作如下所示。

1.Jar包方式打包

(1)添加 Maven打包插件(如果已经存在省略此步)。在对 Spring Boot项目进行打包(包括Jar包和War包)前,需要在项目pom.xml文件中加入 Maven打包插件,Spring Boot为项目打包提供了整合后的Maven打包插件spring-boot-maven-plugin,可以直接使用,示例代码如下。

```
1  <build>
2      <plugins>
3          <plugin>
4              <groupId>org.springframework.boot</groupId>
5              <artifactId>spring-boot-maven-plugin</artifactId>
6          </plugin>
7      </plugins>
8  </build>
```

(2)使用IDEA开发工具进行打包。IDEA开发工具除了提供Java开发便利之外,还提供了非常好的项目打包支持,具体操作如图6-17所示。

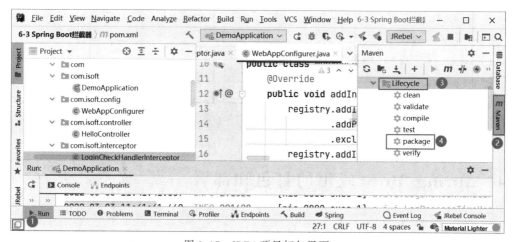

图6-17　IDEA项目打包界面

在图6-17中,选择项目目录下Lifecycle目录中的【package】选项,直接双击就可以项目打包了。

与此同时,打开项目的target目录中查看打成的Jar包,效果如图6-18所示。

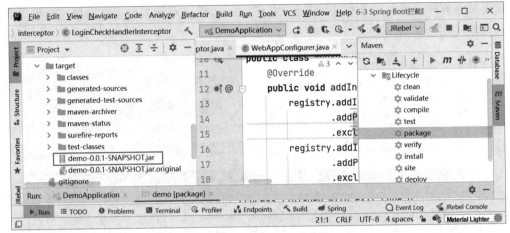

图6-18 IDEA项目target目录的Jar包

如果打包失败,有可能是项目在添加了测试类时候打包出现的问题,可在pom中添加如下代码配置跳过测试,如果能正常打包可略过:

```
1  <!--添加配置跳过测试-->
2  <plugin>
3      <groupId>org.apache.maven.plugins</groupId>
4      <artifactId>maven-surefire-plugin</artifactId>
5      <configuration>
6          <skipTests>true</skipTests>
7      </configuration>
8  </plugin>
```

(3)Jar包目录结构展示说明。为了更加清楚Spring Boot中打成的Jar包的具体目录结构,进入Jar包存放位置,右击Jar包名称,使用压缩软件打开并进入到BOOT-INF目录下,效果如图6-19所示。

图6-19 Jar包目录结构

在图6-19中,打成的Jar包BOOT-INF目录下有lib和classes两个目录文件夹。其中lib

目录下对应着所有添加的依赖文件导入的 jar 文件;classes 目录下对应着项目打包编译后的所有文件,如图6-20所示。

图6-20 查看BOOT-INF目录下lib目录

在图6-20中,Spring Boot项目打成Jar包后,自动引入需要的各种jar文件,这也印证了之前讲解分析Spring Boot依赖管理,在加入相关依赖文件后,项目会自动加载所有相关的jar文件。另外,lib目录下还包括Tomcat相关的jar文件,并且在名字中包含有"tomcat-embed"字样,这是Spring Boot内嵌的Jar包形式的Tomcat服务器。

2.jar包方式部署

控制台使用"java -jar XXX.jar"指令部署启动对应Jar包。

```
1   java -jar target\demo-0.0.1-SNAPSHOT.jar
```

6.4.2 War包方式打包部署

虽然通过Spring Boot内嵌的Tomcat可以直接将项目打包成Jar包进行部署,但有时候还需要通过外部的可配置Tomcat进行项目管理,这就需要将项目打成War包,具体操作如下。

1.War包方式打包

(1)声明打包方式为 War 包。打开 6.3 项目的 pom.xml 文件,使用<packaging>标签将Spring Boot项目默认的Jar包打开方式修改为War形式,示例代码如下。

```
1   <!—1.将项目打包方式声明为 war  -->
2   <packaging>war</packaging>
3   <properties>
4       <java.version>1.8</java.version>
5   </properties>
```

（2）声明使用外部Tomcat服务器。Spring Boot为项目默认提供了内嵌的Tomcat服务器，为了将项目以War形式进行打包部署，还需要声明使用外部Tomcat服务器。打开6.3项目的pom.xml文件，在依赖文件中将Tomcat声明为外部提供，示例代码如下。

```
1  <dependency>
2      <groupId>org.springframework.boot</groupId>
3      <artifactId>spring-boot-starter-tomcat</artifactId>
4      <scope>provided</scope>
5  </dependency>
```

上述代码中，spring-boot-starter-tomcat指定的是Spring Boot内嵌的Tomcat服务器，使用<scope>provided</scope>将该服务器声明为外部已提供provided。这样，在项目打包部署时，既可以使用外部配置的Tomcat以War包形式部署，还可以使用内嵌Tomcat以Jar包形式部署。

（3）提供Spring Boot启动的Servlet初始化器。将Spring Boot项目生成可部署War包的最后一步也是最重要的一步是提供SpringBootServletInitializer子类并覆盖其configure()方法，这样做是利用了Spring框架的Servlet3.0支持，允许应用程序在Servlet容器启动时可以进行配置。打开项目的主程序启动类DemoApplication，让其继承SpringBootServletInitializer并实现configure()方法，参考代码如下。

```
1  @ServletComponentScan    // 开启基于注解方式的Servlet组件扫描支持
2  @SpringBootApplication
3  public class DemoApplication extends SpringBootServletInitializer {
4      // 程序主类继承SpringBootServletInitializer,并重写configure()方法
5      @Override
6      protected SpringApplicationBuilder configure(SpringApplicationBuilder
7  builder) {
8          return builder.sources(DemoApplication.class);
9      }
10     public static void main(String[] args) {
11         SpringApplication.run(DemoApplication.class, args);
12     }
13 }
```

执行完上述3步操作后，就可以将项目以War包形式进行打包了。War包形式的打包方式与6.4.1小节中的打包方式完全一样，这里就不再详细展示说明。项目打成War包后，再IDEA开发工具的target中查看打成的War包效果，如图6-21所示。

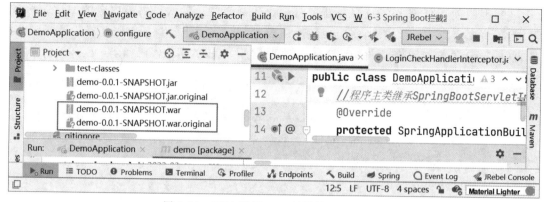

图6-21 IDEA项目target目录的War包效果

2.War包方式部署

将打包好的War包复制到Tomcat安装目录下的webapps目录中,执行Tomcat安装目录下bin目录中的startup.bat命令启动War包项目。访问使用外部Tomcat部署的项目时项目请求地址为"http://localhost:8080/项目目录/请求控制"。

本章小结

本章主要讲解了Spring Boot框架整合Servlet三大组件(Servlet、Filter、Listener),整合JSP、拦截器及Spring Boot项目的打包与部署等内容。学习完本章后,要充分掌握Spring Boot进行Web开发中主要功能的一些配置和扩展,重点掌握拦截器在项目中的使用和能够完成实际开发中Spring Boot项目的打包与部署工作。

> 软件开发是团队作战,是多岗位协调运转的模式,没有人能做所有的事情。
>
> ——Java领路人

经典面试题

1.创建一个Spring Boot Project的最简单的方法是什么?

2.为什么我们需要Spring-boot-maven-plugin?

3.我们能否在spring-boot-starter-web中用jetty代替tomcat?

4.什么是Spring Boot Stater?

5.如何把Spring Boot项目部署到不同的服务器?

上机练习

1.编写一个线程安全的servlet,显示被访问的次数。

2.自定义一个拦截器,实现登录拦截校验功能,将请求耗时写入日志文件。

3.编写一个过滤器,实现限制用户在规定的时间段内可以访问游戏网站的资源。

4.使用JSP技术实现一个简单在线投票系统,如图6-22所示。

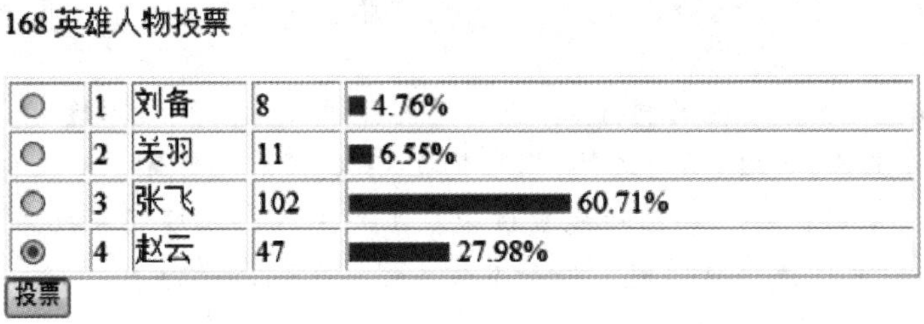

图6-22　简单在线投票系统

5.使用Spring Boot Maven插件将项目打包成war文件,并发布到外置Tomcat中调试运行。

第7章

上传下载和导入导出

不管用 Java 开发什么类型的程序,或多或少都会使用到文件的上传、下载导入和导出功能,比如图片文件上传,导出 Excel 文件,导入数据,下载报表文件等。如果能简单、快捷地实现对文件的上传、下载、导入、导出功能应该能在工作中很大程度提高效率。本章就带领大家使用 Spring Boot 来搭建项目实现上传和下载、导入与导出的功能。

本章要点(在学会的前面打钩)
☐ 掌握文件上传功能实现
☐ 掌握文件下载功能实现
☐ 掌握文件导入功能实现
☐ 掌握文件导出功能实现
☐ 掌握使用 EasyExcel 实现导入导出功能

7.1 文件上传

开发 Web 应用时,文件上传是很常见的一个需求。上传功能主要是浏览器通过表单形式将文件以流的形式传递给服务器,服务器再对上传的数据解析处理实现。下面我们通过一个案例讲解如何使用 Spring Boot 实现文件上传功能。

7.1.1 文件上传功能页面制作

新建 Spring Boot 工程,项目结构目录如图 7-1 所示。

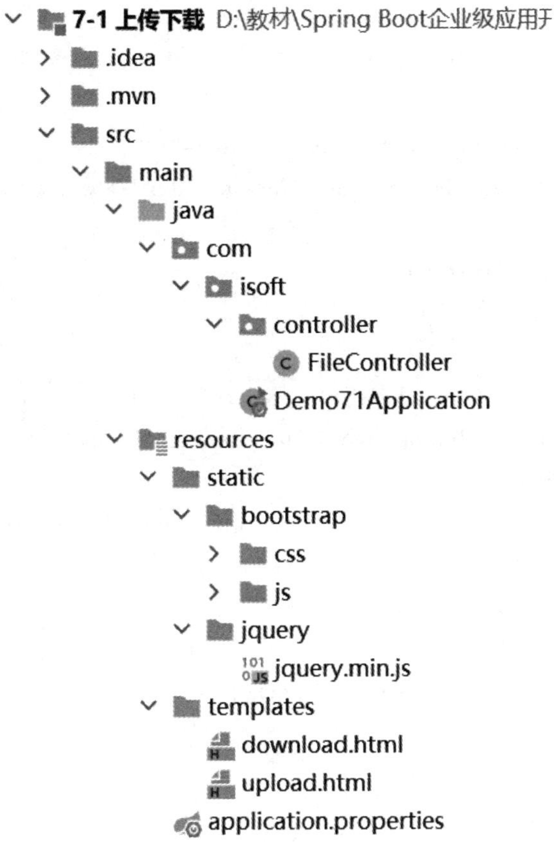

图7-1 项目结构目录

在项目根路径下templates模板引擎文件夹下创建一个用来上传文件的upload.html模板页面,参考代码如下:

```
1   <!DOCTYPE html>
2   <html lang="en" xmlns:th="http://www.thymeleaf.org">
3   <head>
4       <meta charset="UTF-8">
5       <meta http-equiv="Content-Type" content="text/html; charset=UTF-8">
6       <title>动态添加文件上传列表</title>
7     <link th:href="@{/bootstrap/css/bootstrap.min.css}" rel="stylesheet">
8       <script th:src="@{/jquery/jquery.min.js}"></script>
9   </head>
10  <body>
11  <div th:if="${uploadStatus}" style="color: red"
12  th:text="${uploadStatus}">上传成功</div>
13  <form th:action="@{/uploadFile}" method="post"
14  enctype="multipart/form-data">
15      上传文件: <input type="button" value="添加文件" onclick="add()"/>
```

```
16        <div id="file" style="margin-top: 10px;" th:value="文件上传区域">
17    </div>
18        <input id="submit" type="submit" value="上传"
19             style="display: none;margin-top: 10px;"/>
20    </form>
21    <script type="text/javascript">
22        // 动态添加上传按钮
23        function add(){
24            var innerdiv = "<div>";
25            innerdiv += "<input type='file' name='fileUpload'
26    required='required'>" +
27                "<input type='button' value='删除' onclick='remove(this)'>";
28            innerdiv +="</div>";
29            $("#file").append(innerdiv);
30            // 打开上传按钮
31            $("#submit").css("display","block");
32        }
33        // 删除当前行<div>
34        function remove(obj) {
35            $(obj).parent().remove();
36            if($("#file div").length ==0){
37                $("#submit").css("display","none");
38            }
39        }
40    </script>
41    </body>
42    </html>
```

7.1.2   添加文件上传的相关配置

在全局配置文件 application.properties 中添加文件上传的相关设置,内容如下:

```
1    spring.thymeleaf.prefix=classpath:/templates/
2    spring.thymeleaf.suffix=.html
3    #thymeleaf页面缓存设置,开发中为方便调试设置为false,上线稳定后默认 true
4    spring.thymeleaf.cache=false
5    spring.servlet.multipart.max-file-size=2MB
6    spring.servlet.multipart.max-request-size=20MB
```

spring.servlet.multipart.max-file-size：用来设置单个上传文件的大小限制，默认值为 1MB，上述文件设置为 2MB；

spring servlet.multipart.max－request-size：用来设置所有上传文件的大小限制，默认值为 10MB，这里设置为 20MB。

如果上件文件大小超出限制时，会提示"FileUploadBaseyFleSizeLimitExceededException：The field fileUpload exceeds its maximum permited size of 1048576 bytes"异常信息，因此开发者需要符合实际需求合理设置文件大小。

7.1.3 实现文件上传功能

在 com.isoft.controller 包下创建一个控制类 FileController，用于实现文件上传功能，内容如下：

```
1  @Controller
2  public class FileController {
3      // 向文件上传页面跳转
4      @GetMapping("/toUpload")
5      public String toUpload(){
6          return "upload";
7      }
8      // 文件上传管理
9      @PostMapping("/uploadFile")
10     public String uploadFile(MultipartFile[] fileUpload, Model model) {
11         // 默认文件上传成功,并返回状态信息
12         model.addAttribute("uploadStatus", "上传成功！");
13         for (MultipartFile file : fileUpload) {
14             String fileName = file.getOriginalFilename();// 获取文件名和后缀名
15             fileName = UUID.randomUUID()+"_"+fileName; // 重新生成文件名
16             // 指定上传文件服务器存储目录,不存在需要提前创建
17             String dirPath = "D:/file/";
18             File filePath = new File(dirPath);
19             if(!filePath.exists()){
20                 filePath.mkdirs();
21             }
22             try {
23                 file.transferTo(new File(dirPath+fileName));
24             } catch (Exception e) {
25                 e.printStackTrace();
26                 model.addAttribute("uploadStatus","上传失败：
```

```
27     "+e.getMessage());// 上传失败,返回失败信息
28                }
29            }
30        return "upload"; // 携带上传状态信息回调到文件上传页面
31     }
```

在文件中,toUpload()方法用于处理路径为"/toUpload"的GET请求,并返回上传页面的路径。UploadFile()方法用于处理路径为"/uploadFile"的POST请求,如果文件上传成功,则会将上传的文件重命名并存储在"D:/file"目录。如果上传失败,则会提示上传失败的相关信息。需要注意的是,upload()方法的参数 fileUpload 的名称必须与上传页面中<input>的 name 值一致。

启动项目,在浏览器上访问"http://localhost:8080/toUpload",跳转到 upload.html 上传页面,效果如图7-2所示。单击"添加文件"按钮,能够动态添加多个上传文件选择框,效果如图7-3所示。

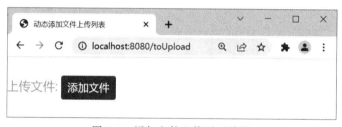

图7-2　添加文件上传页面效果

图7-3　动态添加文件效果

在图7-3所示的文件上传页面中,共添加了3个上传的文件,每个上传文件后方对应一个"删除"按钮,用于移除选择上传的文件。单击文件上传页面的"上传"按钮,如果存在未选择的文件,会提示"请选择一个文件",如图7-4所示。

图7-4 文件上传成功

为了验证文件上传效果,打开上传文件的存储目录"D:/file/",效果如图7-5所示。

名称	修改日期	类型	大小
9de94c46-8cf5-4d8b-92d4-1806408a3c40_红头文件模板.doc	2022-02-21 16:12	Microsoft Word 97 ...	16 KB
d695b99b-c2d9-4d96-8ad9-90d20267504d_安卓应用开发.xlsx	2022-02-21 16:12	Microsoft Excel 工...	10 KB
ec5ecb40-48bb-425d-b70e-cd72a6ca3325_共享笔记项目-教学案例.docx	2022-02-21 16:12	Microsoft Word 文档	801 KB

图7-5 文件上传结果

上传的文件存储目录"D:/file/"下,出现了选择3个不同类型的文件,同时文件名也根据设置进行了相应的修改。

7.2 文件下载

下载文件能够通过IO实现,所以多数框架并没有对文件下载进行封装处理。文件下载时因浏览器不同文件名可能会出现中文乱码的情况。接下来我们分别针对下载英文名文件和中文名文件进行讲解。

7.2.1 英文名文件下载

第一步 添加文件下载依赖,参考代码如下:

```
1  <!—文件下载的工具依赖-->
2  <dependency>
3      <groupId>commons-io</groupId>
4      <artifactId>commons-io</artifactId>
5      <version>2.11.0</version>
6  </dependency>
```

第二步　在 templates 文件夹下创建 download.html 下载页面,参考代码如下:

```
1   <!DOCTYPE html>
2   <html lang="en" xmlns:th="http://www.thymeleaf.org">
3   <head>
4       <meta charset="UTF-8">
5       <title>文件下载</title>
6       <link th:href="@{/bootstrap/css/bootstrap.min.css}"
7   rel="stylesheet">
8       <script th:src="@{/jquery/jquery.min.js}"></script>
9   </head>
10  <body>
11  <div style="margin-bottom: 10px">文件下载列表:</div>
12  <table class="table table-bordered table-hover table-striped">
13      <tr>
14          <td>template.doc</td>
15          <td><a th:href="@{/download(filename='template.doc')}">下载文件
16  </a></td>
17      </tr>
18      <tr>
19          <td>安卓应用开发 .xlsx</td>
20          <td><a th:href="@{/download(filename='安卓应用开发 .xlsx')}">下载
21  文件</a></td>
22      </tr>
23  </table>
24  </body>
25  </html>
```

页面通过列表展示了要下载的两个文件名及其下载链接。需要注意的是,在文件下载之前,需要保证下载目录中存在文件 template.jpg 和安卓应用开发 .xlsx。

第三步　创建控制类 FileController,编写文件下载的处理方法,参考代码如下:

```
1   @GetMapping("/toDownload")
2       public String toDownload(){
34          return "download";
5   }
6   // 文件下载管理
7   @GetMapping("/download")
8   public ResponseEntity<byte[]> fileDownload(String filename){
```

```
9        String dirPath = "D:/file/"; // 指定要下载的文件根路径
10       File file = new File(dirPath + File.separator + filename);
11       // 创建文件对象
12       HttpHeaders headers = new HttpHeaders();// 设置响应头
13       // 通知浏览器以下载方式打开
14       headers.setContentDispositionFormData("attachment",filename);
15       // 定义以流的形式下载返回文件数据
16       headers.setContentType(MediaType.APPLICATION_OCTET_STREAM);
17       try {
18           return new ResponseEntity<>
19 (FileUtils.readFileToByteArray(file), headers, HttpStatus.OK);
20       } catch (Exception e) {
21           e.printStackTrace();
22           return new ResponseEntity<byte[]>
23 (e.getMessage().getBytes(),HttpStatus.EXPECTATION_FAILED);
24       }
25   }
```

上述代码中,toDownload()方法用来处理'/toDownload'的 Get 请求,并跳转到 download.html 页面;fileDownload()方法用来处理'/download'的 Get 去请求并进行文件下载处理,下载的数据类型是 ResponseEntity<byte[]>。

第四步 启动项目,输入地址:http://localhost:8080/toDownload 进入下载页面,这里先选择下载第一个英文文件"template.doc"。单击下载文件链接后,如图 7-6 所示。

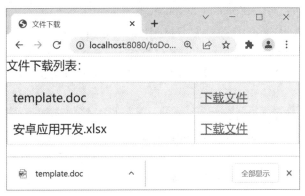

图 7-6 英文名文件下载效果

7.2.2 中文名文件下载

在上述文件下载页面中,单击第 2 个中文名文件"安卓应用开发 .xlsx"后面的"下载文件"链接进行下载,如图 7-7 所示。

图7-7　中文名文件下载效果

从图7-7可以看出,对中文名文件进行下载时,虽然可以成功下载,但是下载后的文件中文名称统一变成了"_",因此还需要对中文名文件下载进行额外处理。

在FileController类的fileDownload()方法中添加处理中文编码的代码,修改后的代码如下所示。

```
1   // 文件下载管理
2   @GetMapping("/download")
3   public ResponseEntity<byte[]> fileDownload(HttpServletRequest request,
4   String filename) throws Exception {
5       String dirPath = "D:/file/";// 指定要下载的文件根路径
6       File file = new File(dirPath + File.separator + filename);
7       // 创建该文件对象
8       HttpHeaders headers = new HttpHeaders();// 设置响应头
9       // 通知浏览器以下载方式打开(下载前对文件名进行转码)
10      filename = getFilename(request, filename);
11  headers.setContentDispositionFormData("attachment", filename);
12      // 定义以流的形式下载返回文件数据
13  headers.setContentType(MediaType.APPLICATION_OCTET_STREAM);
14      try {
15         return new ResponseEntity<>
16             (FileUtils.readFileToByteArray(file), headers,
17  HttpStatus.OK);
18      } catch (Exception e) {
19          e.printStackTrace();
20         return new ResponseEntity<byte[]>
21             (e.getMessage().getBytes(),
22  HttpStatus.EXPECTATION_FAILED);
23      }
24  }
```

```
25  // 根据浏览器的不同进行编码设置,返回编码后的文件名
26  private String getFilename(HttpServletRequest request, String filename)
27       throws Exception {
28       // IE不同版本 User-Agent 中出现的关键词
29       String[] IEBrowserKeyWords = {"MSIE", "Trident", "Edge"};
30       // 获取请求头代理信息
31       String userAgent = request.getHeader("User-Agent");
32       for (String keyWord : IEBrowserKeyWords) {
33            if (userAgent.contains(keyWord)) {
34                //IE内核浏览器,统一为 UTF-8编码显示,并对转换的+进行更正
35                return URLEncoder.encode(filename, "UTF-8").replace("+", " ");
36            }
37       }
38       //火狐等其他浏览器统一为 ISO-8859-1编码显示
39       return new String(filename.getBytes("UTF-8"), "ISO-8859-1");
40  }
```

上述代码中,getFilename(HttpSrvletRequest request,String filename)方法用来根据不同浏览器对下载的中文名进行转码。其中,HttpServletRequest中的"User-Agent"用于获取用户下载文件的浏览器内核信息(不同版本的 IE 浏览器内核可能不同,需要特别的查看),如果内核信息是 IE 则转码为 UTF-8,其他浏览器转码为 ISO-8859-1 即可。

重新启动项目,在浏览器上访问 http://localhost:8080/toDownload 进入下载页面,选择下载中文名文件"安卓应用开发.xlsx",如图 7-8 所示。

图 7-8　中文名文件下载效果

7.3　文件的导入和导出

Excel 文件的导入导出功能,在项目中可以说是一个极其常见的功能了,使用到这技术

的业务场景也非常多,例如:客户信息的导入导出,运营数据的导入导出,订单数据的导入导出等。

本章将使用Apache Poi,阿里开源的EasyExcel实现导入导出功能。

7.3.1　关于Apache Poi

Apache Poi是Apache软件基金会的开源项目,Poi提供API给Java程序对Microsoft Office格式档案读和写的功能。用Java代码通过Poi技术可以实现读取和生成Excel文档。

接下来我们简单说一些和Excel相关的常识。

(1)通过office Excel软件或者WPS常用的Excel格式有两种:xls和xlsx,如图7-9所示。

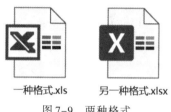

图7-9　两种格式

(2)图1-9中的两个文件都是Excel文件,但扩展名不同,在一个Excel文件中包含若干张表,如图7-10所示。

图7-10　Excel文件中的Sheet表

(3)一张表中可以分为很多行row,每行又分为很多列,行列之间是很多单元格cell,如图7-11所示。

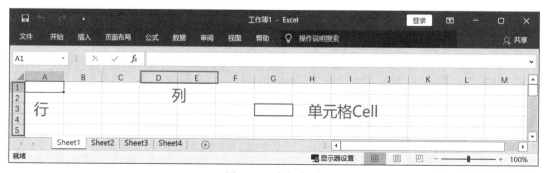

图7-11　多行多列

刚才简单地介绍了Excel文件相关的情况,但是那是在电脑中使用Excel需要用到的东西,如果要通过Spring Boot导入导出Excel文件,就要通过类和方法来实现。于是在Poi中对以上提到的所有的名词都做了一定的封装。对应关系如表7-1所示。

表7-1 Poi封装和对应Excel文件的对象

序号	Excel中的概念	Poi对应的对象
1	Excel文件	HSSFWorkbook(xls) XSSFWorkbook(xlsx)
2	Excel的工作表	HSSFSheet
3	Excel的行	HSSFRow
4	Excel中的单元格	HSSFCell
5	Excel字体	HSSFFont
6	Excel单元格样式	HSSFCellStyle
7	Excel颜色	HSSFColor
8	合并单元格	CellRangeAddress

7.3.2 使用Apache Poi实现导入导出

新建Spring Boot工程,构建目录结构,如图7-12所示。

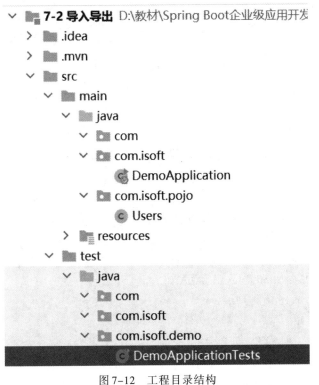

图7-12 工程目录结构

第一步　编写要导出的实体类 User，参考代码如下：

```
1  public class Users implements Serializable {
2      private Integer userId;
3      private String userName;
4      private String userSex;
5        //省略 getter
6        }
```

第二步　导入 POI 依赖，参考代码如下：

```
1  <dependency>
2      <groupId>org.apache.poi</groupId>
3      <artifactId>poi</artifactId>
4      <version>3.14</version>
5  </dependency>
6  <dependency>
7      <groupId>org.apache.poi</groupId>
8      <artifactId>poi-ooxml</artifactId>
9      <version>3.14</version>
10 </dependency>
11 <dependency>
12     <groupId>org.apache.poi</groupId>
13     <artifactId>poi-ooxml-schemas</artifactId>
14     <version>3.14</version>
15 </dependency>
```

第三步　编写测试类，实现导出数据功能，参考代码如下：

```
1  @Test
2  public void test2() throws IOException {
3      Users user = new Users();
4      user.setUserId(1);
5      user.setUserName("Java领路人");
6      user.setUserSex("男");
7      String[] titles = {"编号", "名字", "性别"};
8      //1.创建文件对象,创建 HSSFWorkbook 只能够写出为 xls 格式的 Excel
9      //2.要写出 xlsx 需要创建为 XSSFWorkbook 两种 Api 基本使用方式一样
10     HSSFWorkbook workbook = new HSSFWorkbook();
```

```
11    //3.创建表对象
12    HSSFSheet sheet = workbook.createSheet("users");
13    //4.创建标题栏（第一行）参数为行下标,行下标从0开始
14    HSSFRow titleRow = sheet.createRow(0);
15    //5.在标题栏中写入数据
16    for (int i = 0; i < titles.length; i++) {
17        HSSFCell cell = titleRow.createCell(i); //创建单元格
18        cell.setCellValue(titles[i]);
19    }
20    //6.创建行,如果是用户数据的集合需要遍历
21    HSSFRow row = sheet.createRow(1);
22    //7.将用户数据写入到行中,多行可以循环操作
23    row.createCell(0).setCellValue(user.getUserId());
24    row.createCell(1).setCellValue(user.getUserName());
25    row.createCell(2).setCellValue(user.getUserSex());
26    //8.文件保存到本地,参数为路径
27    workbook.write(new FileOutputStream("D:/file/用户信息 .xls"));
28 }
```

第四步 执行测试,导出 Excel 文件,如图 7-13 所示。

图7-13 导出数据生成的 Excel 文件

第五步 编写测试类,实现 Excel 导入功能,代码参考如下:

```
1  @Test
2  public void test3() throws Exception {
3      //1.通过流读取 Excel 文件
4      FileInputStream inputStream = new FileInputStream("D:/file/用户
5  信息 .xls");
6      //2. inputStream 封装了 Excel 文件所有的数据
```

```
7        HSSFWorkbook workbook = new HSSFWorkbook(inputStream);
8        //3.从文件中获取表对象,通过 getSheetAt( )下标获取
9        HSSFSheet sheet = workbook.getSheetAt(0);
10       //4.从表中获取到行数据,getLastRowNum() 获取最后一行的下标
11       int lastRowNum = sheet.getLastRowNum();
12       for (int i = 1; i <= lastRowNum; i++) {
13           HSSFRow row = sheet.getRow(i); //通过下标获取行
14   //getNumericCellValue()获取数字,getStringCellValue 获取 String
15           double id = row.getCell(0).getNumericCellValue();
16           String name = row.getCell(1).getStringCellValue();
17           String sex = row.getCell(2).getStringCellValue();
18           Users user = new Users();//数据封装到对象中
19           user.setUserId((int) id);
20           user.setUserName(name);
21           user.setUserSex(sex);
22       //将对象添加数据库,此处略
23           System.out.println(user);
24       }
25   }
```

导入的数据如图 7-14 所示。

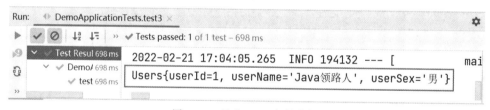

图 7-14　导入 Excel 文件数据

知识扩展:

如果要使用页面请求控制器实现导出文件下载功能,参考代码如下:

```
1   @GetMapping("/exportUserDB")
2   public String exportUserDB(String filename, HttpServletResponse response)
3   {
4   //此处省略获取数据库中要导出的数据过程
5   XSSFWorkbook workbook = new XSSFWorkbook();
6   … //省略导出数据到 Excel 操作
7   response.setCharacterEncoding("utf-8");
8   response.setHeader("content-Type", "applcation/vnd.ms-excel");
```

```
9   response.setHeader("Content-Disposition", "attachment;filename=" +
10  URLEncoder.encode(filename, "utf-8"));
11  workbook.write(response.getOutputStream());
12  return "要跳转的页面"
13  }
14
15  Upload.html页面参考,使用Thymeleaf模板
16  <body>
17  <a th:href="@{/exportUserDB(filename='用户信息表.xlsx')}">导出用户数据
18  </a>
19  </body>
```

如果要使用页面请求控制器实现导入功能,参考代码如下:

```
1   @PostMapping("/importDBFromExcel")
2   public String importDBFromExcel(MultipartFile file) {
3       try {
4           XSSFWorkbook workbook = new XSSFWorkbook(file.getInputStream());
5           //此处省略读Excel文件数据写入数据库过程
6           System.out.println("导入成功");
7       }catch (Exception e) {
8           System.out.println("导入失败"+e.getMessage());
9   }
10
11  import.html页面参考,使用Thymeleaf模板
12  <form th:action="@{/importDBFromExcel}" method="post"
13  enctype="multipart/form-data">
14      请选择要导入的文件:<input type="file" name="file" required="required">
15      <input type="submit" value="导入">
16  </form>
```

7.4 综合案例:使用EasyExcel实现导入导出

EasyExcel是阿里巴巴开源的一个Excel处理框架,以使用简单、节省内存著称,EasyExcel能大大减少占用内存的主要原因是在解析Excel时没有将文件数据一次性全部加载到内存中,而是从磁盘上一行行读取数据,逐个解析。下面介绍EasyExcel框架的使用:

7.4.1 导出功能实现

第一步 新建 Spring Boot 项目,添加 EasyExcel 依赖,还需要添加 poi 和 poi-ooxml 的依赖,参考代码如下:

```
1  <dependency>
2      <groupId>com.alibaba</groupId>
3      <artifactId>easyexcel</artifactId>
4      <version>3.0.5</version>
5  </dependency>
6  <dependency>
7      <groupId>org.apache.poi</groupId>
8      <artifactId>poi</artifactId>
9      <version>4.1.2</version>
10 </dependency>
11 <dependency>
12     <groupId>org.apache.poi</groupId>
13     <artifactId>poi-ooxml</artifactId>
14     <version>4.1.2</version>
15 </dependency>
```

第二步 编写 StuData 实体类,参考代码如下:

```
1  @Data
2  @NoArgsConstructor   //空参数构造函数,可省略
3  @AllArgsConstructor //全参数构造函数,可省略
4  public class StuData {
5      //设置 excel 表头名称
6  @ExcelProperty(value = "学生编号",index = 0)
7  @ColumnWidth(15)
8  private Integer sno;
9
10 @ExcelProperty(value = "学生姓名",index = 1)
11 @ColumnWidth(18)
12     private String sname;
13 }
```

第三步 编写测试类,对 Excel 文件进行写操作,参考代码如下:

```
1  @Test
2  void testExportToExcel() {
3      String file = "D:/file/userdb.xlsx";
4      //write方法两个参数:一个文件路径,另外一个class类
5      EasyExcel.write(file, StuData.class).sheet("学生信息表
6  ").doWrite(getUserData());
7  }
8  //本数据可从数据库中获取,此处用硬编码实现
9  public List<StuData> getUserData() {
10     List<StuData> list = new ArrayList<>();
11     for (int i = 0; i < 5; i++) {
12         StuData users = new StuData();
13         users.setSno(String.valueOf((int) (Math.random() * 100)));
14         users.setSname("Java领路人" + (i + 1));
15         list.add(users);
16     }
17     return   list;
18 }
```

第四步 查看写入结果,如图 7-15 所示。

图 7-15 导出数据的 Excel 文件

7.4.2 导入功能实现

第一步 若读取 excel 文件需要先写一个监听器类并继承 AnalysisEventListener,参考代码如下:

```
1   public class ExcelListener extends AnalysisEventListener<StuData> {
2       //一行一行读取excel内容
3       @Override
4       public void invoke(StuData data, AnalysisContext analysisContext) {
5           System.out.println("按行读取的 Excel数据:"+data);
6       }
7       //读取表头内容
8       @Override
9       public void invokeHeadMap(Map<Integer, String> headMap,
10  AnalysisContext context) {
11          System.out.println("读取的表头信息:"+headMap);
12      }
13      //读取完成之后
14      @Override
15      public void doAfterAllAnalysed(AnalysisContext analysisContext) {
16          System.out.println("导出数据完毕！");
17      }
18  }
```

第二步　编写测试类,进行读取 Excel 文件操作,参考代码如下:

```
1   @Test
2   public void testReadExcel(){
3       String file = "D:/file/userdb.xlsx";
4       EasyExcel.read(file, StuData.class, new ExcelListener()).sheet("学生
5   信息表").doRead();
6   }
```

第三步　运行测试类,查看导入结果,如图7-16所示。

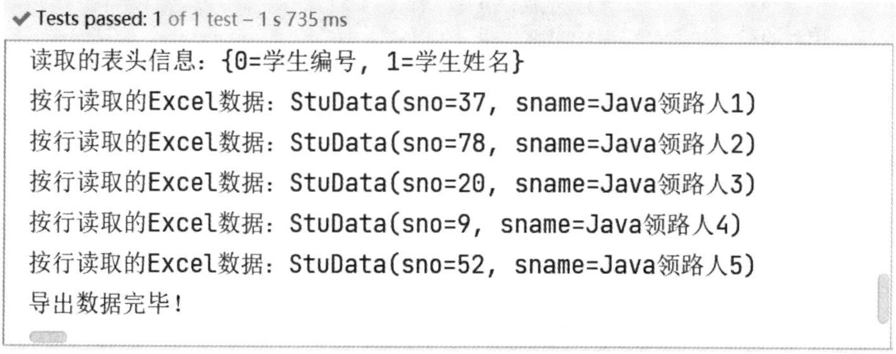

```
✔ Tests passed: 1 of 1 test – 1 s 735 ms
读取的表头信息: {0=学生编号, 1=学生姓名}
按行读取的Excel数据: StuData(sno=37, sname=Java领路人1)
按行读取的Excel数据: StuData(sno=78, sname=Java领路人2)
按行读取的Excel数据: StuData(sno=20, sname=Java领路人3)
按行读取的Excel数据: StuData(sno=9, sname=Java领路人4)
按行读取的Excel数据: StuData(sno=52, sname=Java领路人5)
导出数据完毕！
```

图7-16　使用EasyExcel实现导入功能

7.4.3　使用EasyExcel生成动态复杂表头

第一步　添加guava依赖，Guava是Google开源的一个Java工具库，里面有很多工具类：

```
1  <dependency>
2      <groupId>com.google.guava</groupId>
3      <artifactId>guava</artifactId>
4      <version>31.1-jre</version>
5  </dependency>
```

第二步　编写测试类，实现复杂表头数据导出功能，代码如下：

```
1  @Test
2  public void exportToExcel() throws IOException {
3      OutputStream out = new FileOutputStream("d:/file/复杂表头.xlsx");
4      ExcelWriter writer = EasyExcelFactory.write(out).build();
5      // 动态添加表头，适用一些表头动态变化的场景
6      WriteSheet sheet1 = new WriteSheet();
7      sheet1.setSheetName("商品明细");
8      sheet1.setSheetNo(0);
9      // 创建一个表格，用于Sheet中使用
10     WriteTable table = new WriteTable();
11     table.setTableNo(1);
12     table.setHead(head());
13     // 写数据
14     writer.write(contentData(), sheet1, table);
15     writer.finish();
16     out.close();
17 }
18
19 private static List<List<String>> head() {
20     List<List<String>> headTitles = Lists.newArrayList();
21     String basicInfo = "基础资料", skuInfo = "商品扩展", orderInfo = "经
22 营情况", empty = " ";
23     //第一列，1/2/3行
24     headTitles.add(Lists.newArrayList(basicInfo, basicInfo, "类别"));
25     //第二列，1/2/3行
26     headTitles.add(Lists.newArrayList(basicInfo, basicInfo, "名称"));
```

```
27      List<String> skuTitles = Lists.newArrayList("组合商品", "上一次优惠
28 时间", "销售次数", "库存", "价格");
29      skuTitles.forEach(title -> { //基于 JDK1.8 lambda 表达式语法
30          headTitles.add(Lists.newArrayList(skuInfo, skuInfo, title));
31      });
32      List<Integer> monthList = Lists.newArrayList(5, 6);
33      //动态根据月份生成
34      List<String> orderSpeaces = Lists.newArrayList("销售额", "客流", "利润");
35
36      monthList.forEach(month -> {
37          orderSpeaces.forEach(title -> {
38              headTitles.add(Lists.newArrayList(orderInfo, month + "月", title));
39          });
40      });
41      //无一、二行标题
42      List<String> lastList = Lists.newArrayList("日均销售金额(元)", "月均
43 销售金额(元)");
44      lastList.forEach(title -> {
45          headTitles.add(Lists.newArrayList(empty, empty, title));
46      });
47      return headTitles;
48 }
49
50 private static List<List<Object>> contentData() {
51      List<List<Object>> contentList = Lists.newArrayList();
52      //这里一个 List<Object>才代表一行数据,需要映射成每行数据填充,横向填
53 充(把实体数据的字段设置成一个 List<Object>)
54      contentList.add(Lists.newArrayList("测试", "商品 A", "苹果"));
55      contentList.add(Lists.newArrayList("测试", "商品 B", "橙子"));
56      return contentList;
57 }
```

第三步 运行测试类,查看导出 Excel 文件,结果如图 7-17 所示。

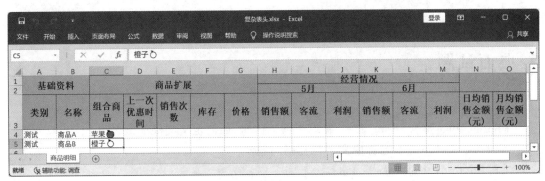

图7-17 实现复杂表头数据导出

7.4.4 生成流并通过控制器导出

```
1   // 通过控制器导出
2   @GetMapping("/exportToExcel")
3   public void export(HttpServletResponse response) throws IOException {
4       // 直接用浏览器或者用postman进行测试
5       response.setContentType("application/vnd.ms-excel");
6       response.setCharacterEncoding("utf-8");
7       // 这里URLEncoder.encode可以防止中文乱码
8       String fileName = URLEncoder.encode("测试", "UTF-8");
9       response.setHeader("Content-disposition", "attachment;filename=" +
10  fileName + ".xlsx");
11      // XXXX.class 是按导出类,data()应为数据库查询数据
12      EasyExcel.write(response.getOutputStream(), XXXX.class).sheet("信息
14  表").doWrite(data());
14  }
```

本章小结

　　本章节通过 Spring Boot 实现了文件上传,下载,导入与导出功能的实现。学习完本章后,读者要充分掌握使用 Apache Poi 和 EasyExcel 实现导入导出功能,并能够将其融入实际开发工作场景中。

　　代码编写不好,会慢慢地腐蚀却不会被发现,要不断地观察项目的变动,而不是只照顾那么一块代码。

——Java领路人

经典面试题

1.Spring Boot整合 Spring MVC实现文件上传时,如何定义文件上传大小?

2.如何在文件下载时名称中文字符乱码问题?

3.解释一下什么是 Apache Poi。

4.描述 EasyExcel是什么。

5.Spring Boot中实现导入导出时 EasyExcel和 EasyPOI的区别是什么?

上机练习

1.实现更换个人头像功能。

2.实现上传和下载个人简历功能。

3.导出项目中的运营数据信息到 Excel文件,如图7-18所示。

	A	B	C	D
1	运营数据统计			
2	日期	2022-5-1		
3	会员数据统计			
4	新增会员数	50	总会员数	1000
5	本周新增会员数	25	本月新增会员数	500
6	新增会员详情			
7	会员名称	会员性别	会员出生日期	ID（备注）
8	张三	男	2021-1-2	
9	李四	女	2020-11-20	
10	王五	男	2019-11-12	
11	赵六	女	2021-8-4	
12	马七	男	2021-10-7	

会员数据表

图7-18　导出运营数据 Excel

第8章

Spring Boot安全管理

在 Web 开发中,安全问题一直是非常重要的一个方面。安全虽然属于应用的非功能性需求,但是应该在开发的初期就应考虑进来。如果在应用开发的后期才考虑安全的问题,就可能陷入一个两难的境地:一方面,应用存在严重的安全漏洞,无法满足用户的要求,并可能造成用户的隐私数据被攻击者窃取;另一方面,应用的基本架构已经确定,要修复安全漏洞,可能需要对系统的架构做出比较重大的调整,因而需要更多的开发时间,影响应用的发布进程。因此,从应用开发的第一天就应该把安全相关的因素考虑进来,并在整个应用的开发过程中。

本章要点(在学会的前面打钩)

□ 了解什么是 Spring Security 安全框架

□ 熟悉 Spring Security 的配置和使用

□ 了解什么是 Shiro

□ 掌握 Spring Boot 整合 Shiro 配置过程和使用

8.1 Spring Security 介绍

Spring Security 是一个功能强大且高度可定制的身份验证和访问控制框架。提供了完善的认证机制和方法级的授权功能,是一款非常优秀的权限管理框架。它的核心是一组过滤器链,不同的功能经由不同的过滤器,能够在 Web 请求级别和方法调用级别处理身份证验证和授权,它充分使用了依赖注入和面向切面的技术。

Spring Boot 针对 Spring Security 提供了自动化配置方案,可以将 Spring Security 非常容易地整合进 Spring Boot 项目中,这也是在 Spring Boot 项目中使用 Spring Security 的优势。

8.2　Spring Boot整合Spring Security

　　一般来说,Web应用的安全性包括用户认证(Authentication)和用户授权(Authorization)两个部分。

　　用户认证指的是验证某个用户是否为系统中的合法主体,也就是说用户能否访问该系统。用户认证一般要求用户提供用户名和密码,系统通过校验用户名和密码来完成认证过程。

　　用户授权指的是验证某个用户是否有权限执行某个操作。

　　下面通过一个小案例将Spring Security整合到Spring Boot中去,要实现的功能就是在认证服务器上登录,然后获取Token,再访问资源服务器中的资源。

　　Token是计算机术语:令牌,令牌是一种能够控制站点占有媒体的特殊帧,以区别数据帧及其他控制帧。Token其实说得更通俗点可以叫暗号,在一些数据传输之前,要先进行暗号的核对,不同的暗号被授权不同的数据操作。

　　使用基于Token的身份验证方法,在服务端不需要存储用户的登录记录。流程如下:

　　(1)客户端使用用户名跟密码请求登录;

　　(2)服务端收到请求,去验证用户名与密码;

　　(3)验证成功后,服务端会签发一个Token,再把这个Token发送给客户端;

　　(4)客户端收到Token以后可以把它存储起来,比如放在Cookie里或者LocalStorage里;

　　(5)客户端每次向服务端请求资源的时候需要带着服务端签发的Token;

　　(6)服务端收到请求,然后去验证客户端请求里面带着的Token,如果验证成功,就向客户端返回请求的数据。如图8-1所示。

图8-1　Spring Security工作原理

8.2.1　基础环境搭建

　　第一步　新建Spring Boot项目,项目目录结构如图8-2所示。

图 8-2　项目目录结构

第二步　在 pom.xml 文件中，添加 security 和 Web 相关依赖，参考代码如下：

```
1  <dependency>
2      <groupId>org.springframework.boot</groupId>
3      <artifactId>spring-boot-starter-security</artifactId>
4  </dependency>
5
6  <dependency>
7      <groupId>org.springframework.boot</groupId>
8      <artifactId>spring-boot-starter-web</artifactId>
9  </dependency>
```

第三步　新建 controller 包添加 hello 接口，参考代码如下：

```
1  @Controller
2  public class HelloController {
3      @RequestMapping("/hello")
4      public String Hello(Model model) {
5          model.addAttribute("msg", "Spring 安全管理");
6          return "Hello";
7      }
8  }
```

第四步 为了方便演示和查看效果,我们补充页面元素,加入 thymeleaf 依赖,参考代码如下:

```
1  <dependency>
2    <groupId>org.springframework.boot</groupId>
3    <artifactId>spring-boot-starter-thymeleaf</artifactId>
4  </dependency>
```

第五步 编写测试页面 hello.html,参考代码如下:

```
1  <!DOCTYPE html>
2  <html lang="en" xmlns:th="http://www.thymeleaf.org">
3  <head>
4      <meta charset="UTF-8">
5      <title>Security 安全管理</title>
6  </head>
7  <body>
8  <h1>Security 管理中</h1>
9  <div>
10     <h3 th:text="${msg}"></h3>
11  </div>
12  </body>
13  </html>
```

第六步 启动项目,我们发现 Security 会在控制台自动给出一个临时密码,如图 8-3 所示。

图 8-3 安全框架提供的临时密码

第七步 访问 Controller 中的 hello 方法:http://localhost:8080/hello,浏览器出现以下登录界面,输入默认用户名 user 和临时密码后,就能进入 Hello.html 页面,如图 8-4,8-5 所示。

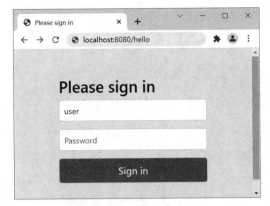

图8-4 登录界面　　　　　　　　图8-5 登录成功页面

8.2.2 实战环境中的Security

上面整合过程还是非常简单，如果在实战环境中使用Security，还需要很多配置。接下来我们自己写一个Security的配置类，演示一下Security的使用。

第一步 首先在templates下创建一些演示html页面，如图8-6所示。

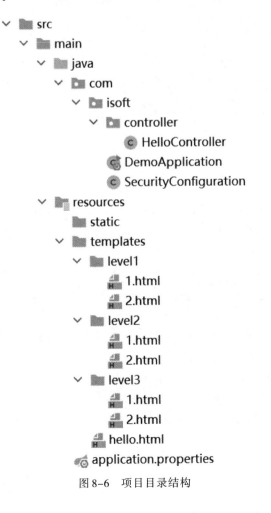

图8-6 项目目录结构

第二步 将 Hello.html 文件进行如下修改,参考代码如下:

```
1   <body>
2   Spring Security!!!
3   <hr>
4   <h3 th:text="${msg}"></h3>
5   <hr>
6   <div>
7       <div>
8           <h1>初级技能</h1>
9           <a th:href="@{/level1/1}">Java 程序设计基础</a><br>
10          <a th:href="@{/level1/2}">网页设计基础</a>
11      </div>
12      <div>
13          <h1>中级技能</h1>
14          <a th:href="@{/level2/1}">Java Web 应用开发</a><br>
15          <a th:href="@{/level2/2}">BootStrap 前端开发框架</a>
16      </div>
17      <div>
18          <h1>高级技能</h1>
19          <a th:href="@{/level3/1}">Spring Boot 企业级应用开发</a>
20          <a th:href="@{/level3/2}">Java EE 企业级应用实战</a>
21      </div>
22  </div>
23  </body>
```

第三步 创建 Security 的配置类 SecurityConfiguration,该配置类需要继承 WebSecurity ConfigurerAdapter,并重写配置方法,下面代码重写了认定和授权方法,参考代码如下:

```
1   @EnableWebSecurity
2   public class SecurityConfiguration extends WebSecurityConfigurerAdapter {
3   @Override
4   protected void configure(HttpSecurity http) throws Exception {
5           http.authorizeRequests()   //授权配置
6           .antMatchers("/hello").permitAll()
7           .antMatchers("/level1/1").hasRole("Lv_1")
8           .antMatchers("/level2/1").hasRole("Lv_2");
9           http.formLogin();//使用表单登录
10  }
11      @Override
```

```
12    protected void configure(AuthenticationManagerBuilder auth) throws
13        Exception {
14        auth.inMemoryAuthentication()
15        .passwordEncoder(new BCryptPasswordEncoder())
16        .withUser("laozhang")
17        .password(new    BCryptPasswordEncoder()
18        .encode("123456"))
19        .roles("Lv_1");
20    }
21 }
```

需要注意的是这里的加密算法,如果不写登录会报错。Spring Boot 2.0后的版本抛弃了原来的 NoOpPasswordEncoder,要求用户保存的密码必须要使用加密算法后存储,在登录验证的时候 Security 会将获得的密码在进行编码后再和数据库中加密后的密码进行对比。

本例用 BCryptPasswordEncoder 加密,设置一个 bean,但是此时的密码还是明文,所以密码部分还是需要设置编码。

第四步 在 Controller 中继续加入两个路由接口,参考代码如下:

```
1    @RequestMapping("/level1/1")
2    public String level1(){
3    return "level1/1";
4    }
5
6    @RequestMapping("/level2/1")
7    public String level2(){
8    return "level2/1";
9    }
```

第五步 启动程序,此时访问 http://localhost: 8080 / hello,使用账号 laozhang 和 123456 来登录验证。进入界面如图 8-7 所示。

图 8-7　访问 hello 页面

第六步 点击程序设计基础，可以顺利访问，但是点击 Spring Boot 企业级应用开发时会发生错误，如图 8-8 所示。

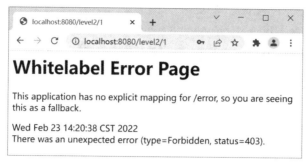

图 8-8 未授权访问结果

因为 Lv_1 角色无法访问这个界面，只有 Lv_2 角色才可以进入。这也是权限登录方面的体现。

8.3 Spring Security 配置详解

8.3.1 自定义配置类

项目开发中自定义配置类需要继承 WebSecurityConfigurerAdapter，开启 @EnableWebSecurity 注解。

需要重写 configure(HttpSecurity http) 和 configure(AuthenticationManagerBuilder auth) 方法，可以自定义规则。

如以上述 8.2.2 为例，http.authorizeRequests() 方法开启授权路径，antMatchers("/hello").permitAll() 代表 /hello 路径所有人都可以访问，.antMatchers("/level1/*").hasRole("Lv_1") 代表 /level1/ 下路径只有 Lv_1 角色才可以访问。

auth.inMemoryAuthentication().withUser("laozhang").password(new BCryptPasswordEncoder().encode("123456")).roles("Lv_1") 代表在内存中设置用户、密码及其角色。

下面我们重新自定义一下配置文件，新加入一个用户并且登录访问一下，参考代码如下：

```
1    @EnableWebSecurity
2    public class SecurityConfiguration extends WebSecurityConfigurerAdapter {
3    @Override
4    protected void configure(HttpSecurity http) throws Exception {
5        http.authorizeRequests()
6        .antMatchers("/hello").permitAll()
```

```
7      .antMatchers("/level1/*").hasRole("Lv_1")
8      .antMatchers("/level2/*").hasRole("Lv_2")
9      .antMatchers("/level3/*").hasRole("Lv_3") ;
10     http.formLogin().passwordParameter("pwd").usernameParameter("username")
11     .loginPage("/userLogin").loginProcessingUrl("/userLogin")
12     .successForwardUrl("/hello");
13     http.logout().logoutSuccessUrl("/hello");
14 }
15 @Override
16 protected void configure(AuthenticationManagerBuilder auth) throws
17 Exception {
18     auth.inMemoryAuthentication().withUser("laozhang")
19     .password(new BCryptPasswordEncoder().encode("123456")).roles("Lv_1")
20     .and().withUser("laowang")
21     .password(new BCryptPasswordEncoder().encode("9999999"))
22     .roles("Lv_3","Lv_2","Lv_1");
23 }
24     @Bean
25     public static BCryptPasswordEncoder passwordEncoder() {
26         return new BCryptPasswordEncoder();
27     }
28 }
```

8.3.2 自定义登录页

有时我们可以不使用系统自带的登录页面,可以将其修改为用户自定义登录页,参考代码如下:

第一步 在SecurityConfiguration配置文件中加入了一段代码,参考代码如下:

```
1  http.formLogin()
2  .passwordParameter("pwd")
3  .usernameParameter("username")
4  .loginPage("/userLogin")
5  .loginProcessingUrl("/userLogin")
6  .successForwardUrl("/hello");
7  http.logout().logoutSuccessUrl("/hello");
```

这里设置了/userLogin路径为登录路径,Spring Boot Security中登录是需要提交一个

Post表单的,这里设置了表单参数为pwd和username,表单提交路径为loginProcessingUrl("/userLogin"),登录成功后返回/hello。所以这里我们需要加入一个新的路由,并指向我们自己的登录页login.html。

第二步 编写userLogin路由接口,跳转login.html,参考代码如下:

```
1  @RequestMapping("/userLogin")
2  public String Login(){
3      System.out.println("这是一个登录页面");
4      return "login";
5  }
```

第三步 编写login.html自定义登录页面,参考代码如下:

```
1  <form method="post" action="userLogin">
2  用户名:<input type="text" name="username">
3  密码: <input type="password" name="pwd">
4  <input type="submit" value="submit">
5  </form>
```

第四步 访问登录页,如图8-9所示。

图8-9　访问登录页效果

8.4　Spring Boot整合Shiro

8.4.1　Shiro简介

Apache Shiro是一个开源的轻量级的Java安全框架,它提供身份验证、授权、密码管理以及会话管理等功能。相对于Spring Security,Shiro框架更加直观、易用,同时也能提供健壮的安全性。

在传统的SSM框架中,手动整合Shiro的配置步骤还是比较多的,针对Spring Boot,Shiro官方提供了shiro-spring-boot-web-starter用来简化Shiro在Spring Boot中的配置。

目前,使用 Apache Shiro 的人越来越多,因为它相当简单,对比 Spring Security,可能没有 Spring Security 做得功能强大,但是在实际工作时可能并不需要那么复杂的东西,所以使用小而简单的 Shiro 就足够了。对于它俩到底哪个好,这个不必纠结,能更简单地解决项目问题就好了。

下面介绍一下 Shiro 的使用。

8.4.2　Spring Boot 整合 Shiro

第一步 首先创建一个普通的 Spring Boot Web 项目,添加 Shiro 依赖以及 thymeleaf 模板依赖,参考代码如下:

```
1  <dependency>
2      <groupId>org.springframework.boot</groupId>
3      <artifactId>spring-boot-starter-thymeleaf</artifactId>
4  </dependency>
5  <dependency>
6      <groupId>org.apache.shiro</groupId>
7      <artifactId>shiro-spring-boot-web-starter</artifactId>
8      <version>1.9.0</version>
9  </dependency>
10 <dependency>
11     <groupId>com.github.theborakompanioni</groupId>
12     <artifactId>thymeleaf-extras-shiro</artifactId>
13     <version>2.1.0</version>
14 </dependency>
```

注意这里可以不需要添加 spring-boot-starter-web 依赖,shiro-spring-boot-web-starter 中已经依赖了 spring-boot-starter-web。本案例使用 Thymeleaf 模板,因此添加 Thymeleaf 依赖,另外为了在 Thymeleaf 中使用 shiro 标签,因此引入了 thymeleaf-extras-shiro 依赖。

第二步 在 application.properties 中配置 Shiro 的基本信息,参考代码如下:

```
1  shiro.enabled=true    #表示开启 Shiro 配置,默认为 true
2  shiro.web.enabled=true #表示开启 Shiro Web 配置,默认为 true
3  shiro.loginUrl=/login #表示登录地址,否则默认为"/login.jsp"
4  shiro.successUrl=/index #表示登录成功地址,默认为"/"
5  shiro.unauthorizedUrl=/unauthorized   #表示未获授权默认跳转地址
6  shiro.sessionManager.sessionIdUrlRewritingEnabled=true #表示是否允许通过
7  URL 参数实现会话跟踪,如果网站支持 Cookie,可以关闭此选项,默认为 true
8  shiro.sessionManager.sessionIdCookieEnabled=true
9  #表示是否允许通过 Cookie 实现会话跟踪,默认为 true
```

第三步　新建 ShiroConfig 配置类，配置 Shiro，类中提供两个最基本的 Bean 实例，参考代码如下：

```
1   @Configuration
2   public class ShiroConfig {
3       @Bean
4       public Realm realm(){
5           TextConfigurationRealm realm = new TextConfigurationRealm();
6           realm.setUserDefinitions("user=123,user\n admin=123,admin");
7           realm.setRoleDefinitions("admin=read,write\n user=read");
8           return realm;
9       }
10
11      @Bean
12      public ShiroFilterChainDefinition shiroFilterChainDefinition(){
13          DefaultShiroFilterChainDefinition chainDefinition = new
14  DefaultShiroFilterChainDefinition();
15          //代表的是这个路径不认证也可以访问
16          chainDefinition.addPathDefinition("/login","anon");
17          chainDefinition.addPathDefinition("/doLogin","anon");
18          chainDefinition.addPathDefinition("/logout","logout");
19          //代表的是除了上面这个可以放行,其他的必须认证之后才能放行
20          chainDefinition.addPathDefinition("/**","authc");
21          return chainDefinition;
22      }
23
24      @Bean
25      public ShiroDialect shiroDialect(){
26          return new ShiroDialect();
27      }
28  }
```

上面代码提供了两个关键 Bean，一个是 Realm，另一个是 ShiroFilterChainDefinition。至于 ShiroDialect 类，则是为了支持在 Thymeleaf 中使用的 Shiro 标签，如果不在 Thymeleaf 中使用 Shiro 标签，那么可以不提供 ShiroDialect。

Realm 可以是自定义 Realm，也可以是 Shiro 提供的 Realm，为了简单起见，本案例没有配置数据库连接，这里直接配置了两个用户：user/123 和 admin/123，分别对应角色 user 和 admin，user 具有 read 权限，admin 则具有 read、write 权限。

ShiroFilterChainDefinition　Bean 中配置了基本的过滤规则，"/login"和"doLogin"可以匿名访问，"/logout"是一个注销登录请求，其余请求则都需要认证后才能访问。

第四步 在UserController控制器中配置登录接口以及页面访问接口,参考代码如下:

```
1   @Controller
2   public class UserController {
3       @PostMapping("/doLogin")
4       public String doLogin(String username, String password, Model model){
5   UsernamePasswordToken token = new
6   UsernamePasswordToken(username,password);
7           Subject subject = SecurityUtils.getSubject();
8           try{
9               subject.login(token);
10          }catch (AuthenticationException e){
11              model.addAttribute("error","用户名或密码输入错误!");
12              return "login";
13          }
14          return "index";
15      }
16
17      @RequiresRoles("admin")
18      @GetMapping("/admin")
19      public String admin(){
20          return "admin";
21      }
22
23      @RequiresRoles(value = {"admin","user"},logical = Logical.OR)
24      @GetMapping("/user")
25      public String user(){
26          return "user";
27      }
```

在doLogin方法中,首先构造一个UsernamePasswordToken实例,然后获取一个Subject对象并调用该对象中的login方法执行登录操作,在登录操作执行过程中,当有异常抛出时,说明登录失败,携带错误信息返回登录页面;当登录成功时,则重定向到"/index"。

知识扩展

```
1   @RequiresRoles("user") //具有user角色可以访问
2   @RequiresRoles(value = {"admin","user"},logical = Logical.AND)
3   //同时具有admin和user角色才能访问
4   @RequiresRoles(value = {"admin","user"},logical = Logical.OR)
5   //具有admin或user其中一角色才能访问
```

```
6    @RequiresPermissions("user:update:01")//拥有 user:update:01 权限才能访问
7    @RequiresPermissions(value = {"user:update:01","user:delete:*"},logical =
8    Logical.AND)//同时拥有 user:update:01 和 user:delete:*操作权限才能访问
9    @RequiresPermissions(value = {"user:update:01","user:delete:*"},logical =
10   Logical.OR)//拥有 user:update:01 和 user:delete:*其中一种操作权限才能访问
```

第五步 接下来创建全局异常处理器进行全局异常处理,本案例主要功能也包括处理授权异常,参考代码如下:

```
1    @ControllerAdvice
2    public class ExceptionController {
3        @ExceptionHandler(AuthorizationException.class)
4        public ModelAndView error(AuthorizationException e){
5            ModelAndView mv = new ModelAndView("unauthorized");
6            mv.addObject("error",e.getMessage());
7            return mv;
8        }
9    }
```

当用户访问未授权的资源时,跳转到 unauthorized 视图中,并携带出错信息。

第六步 最后在 resources/templates 目录下创建 5 个 HTML 页面来测试,参考代码如下:

(1)index.html,代码如下:

```
1    <!DOCTYPE html>
2    <html lang="en" xmlns:shiro="http://www.pollix.at/thymeleaf/shiro">
3    <head>
4        <meta charset="UTF-8">
5        <title>Title</title>
6    </head>
7    <body>
8        <h3>Hello,<shiro:principal/></h3>
9        <h3>
10           <a href="login.html">注销登录</a>
11       </h3>
12       <h3>
13           <a shiro:hasRole="admin" href="/admin"> 管理员页面</a>
14       </h3>
15       <h3>
16           <a shiro:hasAnyRoles="admin,user" href="/user">普通用户页面</a>
```

```
17              </h3>
18          </body>
19      </html>
```

index.html是登录成功后的首页,首先展示当前登录用户的用户名,然后展示一个"注销登录"链接,若当前登录用户具备"admin"角色,则展示一个"管理员页面"的超链接;若用户具备"admin"或者"user"角色,则展示一个"普通用户页面"的超链接。注意这里导入的名称空间是 xmlns:shiro="http://www.pollix.at/thymeleaf/shiro,和 html 中导入的 Shiro 名称空间不一致。

（2）login.html,参考代码如下：

```
1   <!DOCTYPE html>
2   <html lang="en" xmlns:th="http://www.thymeleaf.org">
3   <head>
4       <meta charset="UTF-8">
5       <title>Title</title>
6   </head>
7   <body>
8       <div>
9           <form action="/doLogin" method="post">
10              用户名：<input type="text" name="username"><br>
11              密码：<input type="password" name="password"><br>
12              <div th:text="${error}"></div>
13              <input type="submit" value="登录">
14          </form>
15      </div>
16  </body>
17  </html>
```

login.html是一个普通的登录页面,在登录失败时通过一个div显示登录失败信息。

（3）user.html,参考代码如下：

```
1   <!DOCTYPE html>
2   <html lang="en">
3   <head>
4       <meta charset="UTF-8">
5       <title>Title</title>
6   </head>
7   <body>
```

```
8    <h1>普通用户页面</h1>
9    </body>
10   </html>
```

user.html是一个普通的用户信息展示页面。

（4）admin.html,参考代码如下：

```
1    <body>
2    <h1>管理员页面</h1>
3    </body>
```

admin.html是一个普通的管理员信息展示页面。

（5）unauthorized.html,参考代码如下：

```
1    <body>
2    <div>
3        <h3>未获授权,非法访问</h3>
4        <h3  th:text="${error}"></h3>
5    </div>
```

unauthorized.html是一个授权失败的展示页面,该页面还会展示授权出错的信息。

第八步　启动 Spring Boot项目,访问登录页面,分别使用 user/123 和 admin/123 登录,结果如图 8-10,图 8-11,图 8-12,图 8-13 所示。

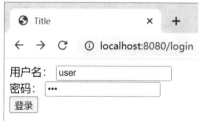

图 8-10　user用户登录

图 8-11　user用户登录成功

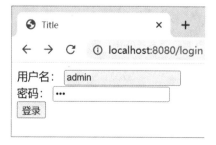

图 8-12　admin用户登录

图 8-13　admin用户登录成功

专家讲解

　　登录成功后,无论是 user 还是 admin 用户,单击"注销登录"都会注销成功,然后回到登录页面,user 用户因为不具备 admin 角色,因此没有"管理员页面"的超链接,无法进入管理员页面中,此时,若用户使用 user 用户登录,然后手动在地址栏输入 http://localhost:8080/admin,则会跳转到未授权页面。

　　以上通过一个简单的案例展示了如何在 Spring Boot 中整合 Shiro,以及如何在 Thymeleaf 中使用 Shiro 标签。

　　Shiro 可以非常容易地开发出足够好的应用,其不仅可以用在 Java SE 环境,也可以用在 Java EE 环境,不要纠结内部原理,应重在使用。

　　开发软件时候,要温和地超出用户的期望值,给他们的成功要比他们的期望高一些,给系统开发时增加一些特性,多做一些努力,可以给你带来很多赞赏。

——Java 领路人

本章小结

　　本章 Spring Boot 安全管理内容,主要讲解了两部分内容:一是 Spring Security 的环境搭建、配置和使用;二是 Spring Boot 整合 Shiro 的使用。二者都是实用性较强的内容,但是在开发时也需要一定的场景化要求,需要读者根据实际项目需求选用和优化。

经典面试题

1.谈谈你对 Spring Security 的理解。

2.Spring Security 能解决什么问题?

3.简要描述什么是 Shiro。

4.Spring Boot 如何整合使用 Shiro?

5.Spring Security 和 Shiro 有什么区别?

上机练习

1.使用 Spring Security 实现权限管理功能:

2.为系统中的每个操作定义以下4个权限,如:

(1)超级权限,可以使用以下所有操作;

(2)添加影片权限;

(3)修改影片权限;

(4)删除影片权限。

3.为系统设置一个管理员账号和密码,并拥有超级权限。

4.为系统设置3个用户账号和密码,并分别赋予添加影片,修改影片,删除影片的权限。

5.编写测试页面进行测试。

第9章

Spring Boot 消息服务

很多项目都不是一个系统就做完了,而是好多个系统相互协作来完成功能,系统与系统之间不可能完全独立。如:在学校所用的管理系统中,有学生系统、资产系统、宿舍系统等。当学期结束之后,是否需要对已经结束的期次进行归档操作?假如归档功能在学生系统中,那点击归档之后,学生是不是还要关心宿舍那边是否已结束?学生所领资产是否全都归还?

显然,系统之间的耦合性做得太强,很不利于系统扩展,而且仅一步操作,可能要等很久很久才能完成,用户是否愿意等?

同步归档如果不可能,那是否有办法实现异步归档?异步归档怎么实现呢?

本章将从 Spring Boot 整合 ActiveMQ 和 RabbitMQ 两种方法介绍如何实现消息队列服务的。

本章要点(在学会的前面打钩)

□ 了解什么消息中间件

□ 了解什么是 JMS(Java 消息服务)

□ 掌握 Spring Boot 与 ActiveMQ 的整合

□ 掌握 Spring Boot 与 RabbitMQ 的整合

9.1 消息队列

9.1.1 什么是消息队列

MQ 全称为 Message Queue(消息队列),是在消息的传输过程中保存消息的容器,多用于分布式系统之间进行通信。如图 9-1 所示。

图 9-1　消息队列

1.MQ 的特点

（1）本身是一个服务：生产者和消费者都需要连接该服务。

（2）底层采用队列（Queue）的数据结构实现先进先出。

（3）结构是一个 Pub、Sub 模型（发布、订阅模型）。

如图 9-2 所示。

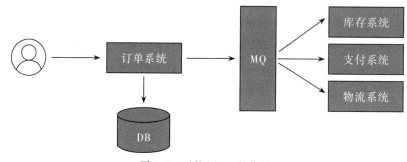

图 9-2　系统间 MQ 的作用

2.MQ 的作用

（1）应用程序解耦合，提升容错性和可维护性。

（2）削峰填谷，可以提高系统稳定性。

3.MQ 应用场景

（1）订单系统（退货的时候要调用：库存系统、支付系统、通知系统）。

（2）银行转账（转账也不是立即到账）。

（3）理财业务（提取现金，并不是立即到账）。

9.1.2　常用消息队列中间件

消息队列中间件（简称：消息中间件）是指利用高效可靠的消息传递机制进行与平台无关的数据交流，并基于数据通信来进行分布式系统的集成。目前开源的消息中间件可谓是琳琅满目，大家耳熟能详的有很多，比如 ActiveMQ、RabbitMQ、Kafka、RocketMQ 等。目前市面上的消息中间件各有侧重点，选择适合自己、能够扬长避短的无疑是最好的选择。接下来，我们针对常用的消息队列中间件进行介绍。

1.ActiveMQ

ActiveMQ 是 Apache 公司出品的、采用 Java 语言编写的、完全基于 JMS 规范（Java Message Service）的、面向消息的中间件，它为应用程序提供高效、可扩展的、稳定的、安全的企业级消息通信。ActiveMQ 丰富的 API 和多种集群构建模式，使得它成为业界老牌的消息中间件,广泛地应用于中小型企业中。

2.RabbitMQ

RabbitMQ是使用Erlang语言开发的开源消息队列系统,基于AMQP协议(Advanced Message Queuing Protocol)实现。AMQP是为应对大规模并发活动而提供统一消息服务的应用层标准高级消息队列协议,专门为面向消息的中间件设计,该协议更多用在企业系统内,对数据一致性、稳定性和可靠性要求很高的场景。正是基于AMQP协议的各种优势性能,使得RabbitMQ消息中间件在应用开发中越来越受欢迎。

3.Kafka

Kafka是由Apache软件基金会开发的一个开源流处理平台,它是一种高吞吐量的分布式发布订阅消息系统,采用Scala和Java语言编写,提供了快速、可扩展的、分布式的、分区的和可复制的日志订阅服务,其主要特点是追求高吞吐量,适用于产生大量数据的互联网服务的数据收集业务。

4.RocketMQ

RocketMQ是阿里巴巴公司的开源产品,目前也是Apache公司的顶级项目,使用纯Java开发,具有高吞吐量、高可用、适合大规模分布式系统应用的特点。RocketMQ的思路起源于Kafka,对消息的可靠传输以及事务性制作了优化,目前在阿里巴巴中被广泛应用于交易、充值、流计算、消息推送、日志流式处理场景,不过维护上稍微麻烦。

专家提示

　　在实际项目技术选型时,在没有特别要求的场景下,通常会选择使用RabbitMQ作为消息中间件,如果针对的是大数据业务,推荐使用Kafka或者RocketMQ作为消息中间件。

9.2　关于JMS(Java Message Service)

9.2.1　JMS介绍

JMS(Java Message Service,即Java消息服务)是一组Java应用程序接口,它提供消息的创建、发送、读取等一系列服务。JMS使分布式应用能够以松耦合、可靠、异步的方式进行通信。提供了一组公共应用程序接口和响应的语法,类似于Java数据库的统一访问接口JDBC,它是一种与厂商无关的API,使得Java程序能够与不同厂商的消息组件很好地进行通信。

JMS支持两种消息发送和接收模型。一种称为P2P(Ponit to Point)模型,另外一种Pub/Sub(发布/订阅)模型:

1.P2P(Ponit to Point)模型

P2P模型,即采用点对点的方式发送消息。如图9-3所示。

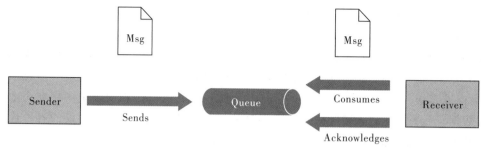

图9-3　P2P模型

P2P模型是基于队列的,消息生产者(Producer)发送消息到队列,消息消费者(Consumer)从队列中接收消息,由于队列的存在使得消息的异步传输成为可能。

P2P的特点:

(1)每条消息只能成功消费一次(即一旦被消费,消息就不再在消息队列中);

(2)提供者、消费者解耦,无论有没有消费者,都不影响提供者发送消息到消息队列;

(3)每条消息仅会被一个消费者消费。可能会有多个消费者在监听同一个队列,但是队列中的消息仅会被一个消费者消费;

(4)消息存在先后顺序。队列的特性,先进先出;

(5)消费者在成功接收消息之后需向队列应答成功。

2.Pub/Sub(发布/订阅模式)

Pub/Sub的特点是每个消息可以有多个消费者,发布者和订阅者之间有时间上的依赖性。针对某个主题(Topic)的订阅者,它必须创建一个订阅者之后,才能消费发布者的消息,而且为了消费消息,订阅者必须保持运行的状态。为了缓和这样严格的时间相关性,JMS允许订阅者创建一个可持久化的订阅。这样,即使订阅者没有被激活(运行),它也能接收到发布者的消息。如果你希望发送的消息可以不被做任何处理,或者被一个消费者处理,或者可以被多个消费者处理的话,那么可以采用Pub/Sub模型。如图9-4所示。

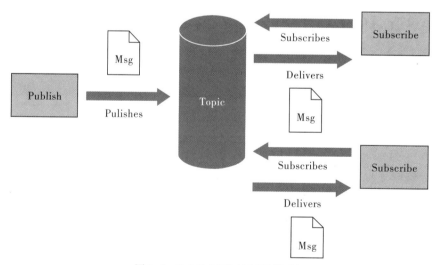

图9-4　Pub/Sub(发布/订阅模式)

Pub/Sub的特点:

(1)每个消息可以有多个消费者;

（2）发布者和订阅者之间有时间上的依赖性。针对某个主题的订阅者，它必须创建一个订阅者之后，才能消费发布者的消息，而且为了消费消息，订阅者必须保持运行的状态；

（3）为了缓和这样严格的时间相关性，JMS允许订阅者创建一个可持久化的订阅。这样，即使订阅者没有被激活（运行），它也能接收到发布者的消息；

（4）每条消息都会传送给称为订阅者的多个消息消费者。订阅者有许多类型，包括持久型、非持久型和动态型；

（5）发布者通常不会知道，也意识不到哪一个订阅者正在接收主题消息；

（6）消息被推送给消费者，这意味着消息会传送给消费者，而无须请求。

9.2.2 JMS 应用程序接口（API）

1.ConnectionFactory 接口（连接工厂）

创建 Connection 对象的工厂，根据消息类型的不同，分为 QueueConnectionFactory、TopicConnectionFactory 两种。

2.Destination 接口

Destination 是包装了消息目标标识符的对象，消息目标指的是消息发布和接收的地点（队列、主题）。

3.Connection 接口

Connection 表示在客户端和 JMS 系统之间建立的连接（对 TCP/IP socket 的包装）；Connection 可以产生一个或多个的 Session。分两种类型：QueueConnection、TopicConnection。

4.Session 接口

Session 是我们操作消息的接口，表示一个单线程的上下文，用于发送和接收消息。由于会话是单线程的，所以消息是连续的，就是说消息是按照发送的顺序一个一个接收的。

可以通过 Session 创建生产者、消费者、消息等。Session 提供了事务的功能。当我们需要使用 Session 发送/接收多个消息时，可以将这些发送/接收动作放到一个事务中。同样，也分 QueueSession 和 TopicSession。

5.MessageProducer 接口（消息生产者）

消息生产者由 Session 创建，并用于将消息发送到 Destination。消费者可以同步地（阻塞模式），或异步（非阻塞）地接收队列和主题类型的消息。同样，消息生产者分两种类型：QueueSender 和 TopicPublisher。可以调用消息生产者的方法（send 或 publish 方法）发送消息。

6.MessageConsumer 接口（消息消费者）

消息消费者由 Session 创建，用于接收被发送到 Destination 的消息。分两种类型：QueueReceiver 和 TopicSubscriber。

可分别通过 Session 的 createReceiver(Queue)或 createSubscriber(Topic)来创建。当然，也可以通过 Session 的 creatDurableSubscriber 方法来创建持久化的订阅者。

7.Message 接口（消息）

消息是在消费者和生产者之间传送的对象，也就是说从一个应用程序传送到另一个应用程序。

8.MessageListener(消息监听器)

如果注册了消息监听器,一旦消息到达,将自动调用监听器的 onMessage 方法。

9.3　Spring Boot 整合 ActiveMQ

9.3.1　ActiveMQ 简介

ActiveMQ 是 Apache 下的开源项目,完全采用 Java 来实现,是一种开源的基于 JMS(Java Message Service)规范的消息中间件的实现。ActiveMQ 是较为流行的、功能强大的即时通信和集成模式的开源服务器。ActiveMQ 的设计目标是提供标准的,面向消息的,能够跨越多语言和多系统的应用集成消息通信中间件。

9.3.2　ActiveMQ 下载和安装

从此下载地址:https://activemq.apache.org/components/classic/download/下载,下载的文件是压缩包,安装过程比较简单,将压缩包解压一个到非中文目录下,打开 bin 目录,选择对应32位或者64位文件夹,点击如图9-5所示的 activemq.bat 安装启动。

):\apache-activemq-5.16.4\bin\win64

名称	修改日期	类型	大小
activemq.bat	2022-03-05 22:58	Windows 批处理文件	2 KB
InstallService.bat	2022-03-05 22:58	Windows 批处理文件	2 KB
UninstallService.bat	2022-03-05 22:58	Windows 批处理文件	2 KB
wrapper.conf	2022-03-05 22:58	CONF 文件	7 KB
wrapper.dll	2022-03-05 22:58	应用程序扩展	75 KB
wrapper.exe	2022-03-05 22:58	应用程序	216 KB

图 9-5　ActiveMQ 安装启动

如果能启动成功,使用浏览器访问 http://localhost:8161/admin(用户名和密码默认 admin)将出现如图9-6所示页面。

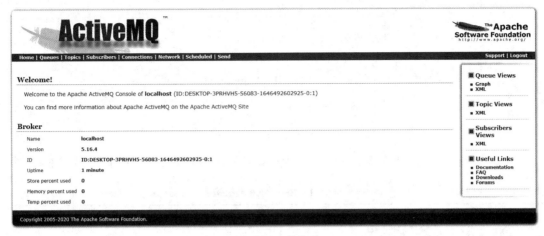

图 9-6   启动登录后的 ActiveMQ

9.3.3   Spring Boot 整合 ActiveMQ

下面就以微信用户发表说说为例，讲解一下 Spring Boot 整合 ActiveMQ 使用。

第一步 在 pom.xml 文件中添加 ActiveMQ 依赖，参考代码如下：

```
1   <dependency>
2       <groupId>org.springframework.boot</groupId>
3       <artifactId>spring-boot-starter-activemq</artifactId>
4   </dependency>
5   <!-- 如果使用 pool(池)的话，就需要再加入以下依赖: -->
6   <dependency>
7       <groupId>org.apache.activemq</groupId>
8       <artifactId>activemq-pool</artifactId>
9   </dependency>
```

第二步 application.properties 添加 ActiveMQ 配置，参考代码如下：

```
1   # ActiveMQ 配置
2   spring.activemq.broker-url=tcp://localhost:61616
3   spring.activemq.in-memory=true
4   spring.activemq.pool.enabled=false
5   spring.activemq.packages.trust-all=true #该配置表示信任所有的包
```

第三步 启动类 DemoApplication 添加 @EnableJms 注解，参考代码如下：

```
1   @EnableJms
2   @SpringBootApplication
```

```
3    public class DemoApplication {
4        public static void main(String[] args) {
5            SpringApplication.run(DemoApplication.class, args);
6        }
7    }
```

第四步　新建点赞数据库表tb_praise,实现Save功能,表结构如表9-1所示,参考脚本如下:

表9-1　tb_praise 表结构

名	类型	长度	小数点	不是 null	
id	varchar	32	0	☑	🔑1
content	varchar	256	0	☐	
user_id	varchar	32	0	☐	
praise_num	int	11	0	☐	
publish_time	datetime	0	0	☐	

```
1    DROP TABLE IF EXISTS 'tb_praise';
2    CREATE TABLE 'tb_praise' (
3        'id' varchar(32) NOT NULL, //id主键
4        'content' varchar(256) DEFAULT NULL,//内容
5        'user_id' varchar(32) DEFAULT NULL, //用户 ID
6        'praise_num' int(11) DEFAULT NULL, //点赞数量
7        'publish_time' datetime DEFAULT NULL,//发布时间
8        PRIMARY KEY ('id'),
9        KEY 'mood_user_id_index' ('user_id') USING BTREE
10   ) ENGINE=InnoDB DEFAULT CHARSET=utf8;
```

第五步　参考数据库表创建实体类Praise(点赞),参考代码如下:

```
1    @Data
2    @Entity
3    @Table(name = "tb_praise")
4    public class Praise implements Serializable {
5        @Id //主键
6        private String id;
7        private String content;    //内容
8        private String userId;     //用户 id
```

```
9        private Integer praiseNum;    //点赞数量
10       private Date publishTime;      //发表时间
11  }
```

创建实体类时,需要配置数据源,绑定数据源,解决报错的问题,前面的章节有讲解,如图9-7所示。

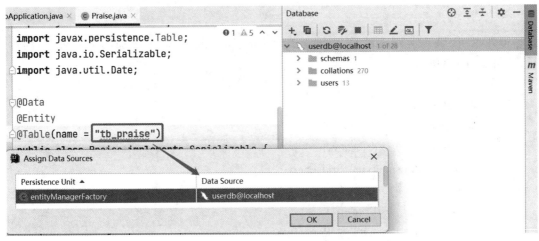

图9-7　实体类绑定数据源

第六步 新建com.isoft.dao包,编写PraiseRepository接口,并继承JpaRepository(需加入JPA依赖),参考代码如下:

```
1   public interface PraiseRepository extends JpaRepository<Praise,String> {
2   }
3
```

第七步 新建com.isoft.service包,开发对应的服务层接口PraiseService,封装Save方法,参考代码如下:

```
1   public interface PraiseService {
2       Praise save(Praise praise);
3   }
```

第八步 新建com.isoft.service.impl包,新建PraiseServiceImpl实现PraiseService接口方法,注入PraiseRepository接口对象,并调用其提供的save()方法,将实体对象保存到数据库,参考代码如下:

```
1   @Service
2   public class PraiseServiceImpl implements PraiseService {
```

```
3        @Autowired //或@Resource
4        PraiseRepository  praiseRepository;
5        @Override
6        public Praise save(Praise praise) {
7             return praiseRepository.save(praise);
8        }
9    }
```

第九步 代码开发完成之后,在测试类 DemoApplicationTests 下添加测试方法,启动运行,结果如图9-8所示。

```
1    @SpringBootTest
2    class DemoApplicationTests {
3        @Resource //或@ Autowired
4        private PraiseService praiseService;
5        @Test
6        public void testPraise(){
7             Praise praise=new Praise();
8             praise.setId("1");
9             praise.setUserId("laozhang");
10            praise.setPraiseNum(0);
11            praise.setContent("这是我的第一次留言测试! ");
12            praise.setPublishTime(new Date());
13            Praise praise1 = praiseService.save(praise);//往数据库保存数据
14       }
15   }
```

id	content	user_id	praise_num	publish_time
1	这是我的第一次留言测试!	laozhang	0	2022-03-05 16:32:45

图9-8   发表说说存入数据库结果

通常我们是可以使用这种方法记录发送数据的,但是有一个问题,我们都知道微信的用户量极大,每天都有几亿的用户发表不同的说说,如果按照我们上面的做法,用户每发一条说说,后端都会单独开一个线程,将该说说的内容实时地保存到数据库中。我们都知道后端服务系统的线程数和数据库线程池中的线程数量都是固定而且宝贵的,因此将用户发表的说说实时保存到数据库中,必然造成后端服务和数据库极大的压力。所以我们有必要使用ActiveMQ做异步消费,来抵抗高并发而产生的压力,提高系统整体的性能。

下面我们来开发一个生产者和消费者的案例来演示本功能:

第一步 服务层新建生产者 PraiseProducer 来发布消息,参考代码如下:

```
1   @Service
2   public class PraiseProducer {
3       @Resource
4       private JmsMessagingTemplate jmsMessagingTemplate;
5       public void sendMessage(Destination destination, String message) {
6           jmsMessagingTemplate.convertAndSend(destination, message);
7       }
8   }
```

JmsMessagingTemplate:发消息的工具类,也可以注入 JmsTemplate。JmsMessaging Template 是对 JmsTemplate 进行了封装,参数 destination 是发送到的队列,message 是待发送的消息。

编写测试类,参考代码如下:

```
1   @Resource
2   private PraiseProducer praiseProducer;
3
4   @Test
5   public void testActiveMQ() {
6       //测试生成者发布消息
7       Destination destination = new ActiveMQQueue("myqueue");
8       praiseProducer.sendMessage(destination, "hello,laozhang");
9   }
```

运行测试,查看 ActiveMQ-> Queues 显示收到生产者发送的消息。如图9-9所示:

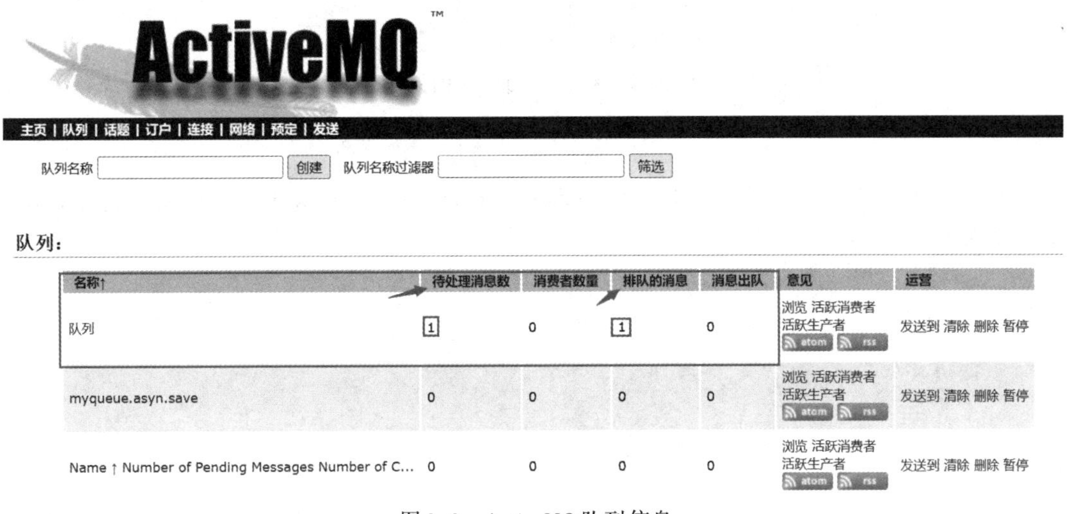

图9-9 ActiveMQ 队列信息

第二步 在组件层 com.isoft.component 下创建一个消费者 PraiseConsumer 来消费刚才的消息,参考代码如下:

```
1  @Component
2  public class PraiseConsumer {
3      @JmsListener(destination = "myqueue") //destination值应与生产者的名字一致。
4      public void receiveQueue(String text) {
5          System.out.println("用户发表说说【" + text + "】成功");
6      }
```

@JmsListener:使用 JmsListener 配置消费者监听的队列 myqueue,其中 text 是接收到的消息。

第三步 消费者开发完成之后,我们再测试 testActiveMQ()方法,参考代码如下:

```
1  @Resource
2  private PraiseProducer praiseProducer;
3  @Test
4  public void testActiveMQ() {
5      Destination destination = new ActiveMQQueue("myqueue");
6      praiseProducer.sendMessage(destination, "hello,laowang!");//生产者发
7  表说说
8  }
```

第四步 运行测试方法,我们可以在控制看到打印的信息,说明消费者消费了消息队列里的消息,具体如图 9-10 所示。

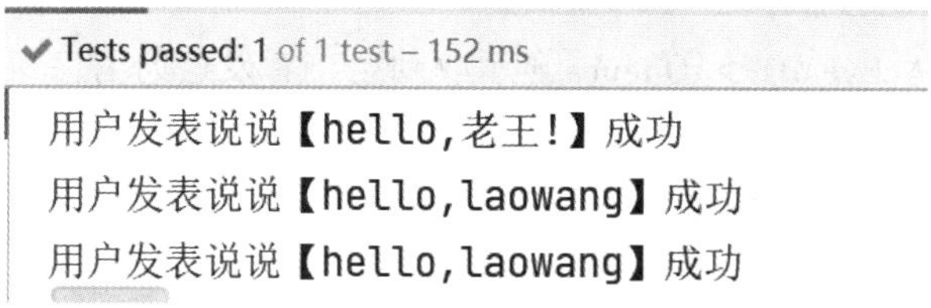

图 9-10　生产者发布消息

同时我们可以在浏览器访问 http://localhost:8161/admin/,查看队列 myqueue 的消费情况,具体如图 9-11 所示。

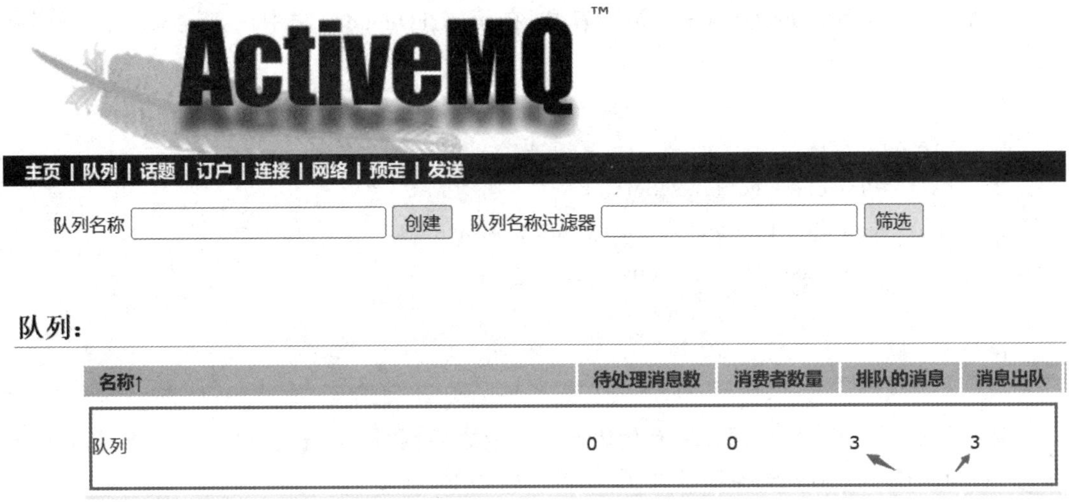

图 9-11 AvtiveMQ 站点检测到的消息

以上我们就完成了生产消费模式的消息队列,还是挺简单的!

生产者和消费者开发完成之后,现在我们把用户发表说说改成异步消费模式。

首先我们在 PraiseService 类下添加异步保存接口 asynSave(),具体代码如下:

```
1  public interface PraiseService {
2      Praise save(Praise praise);
3      String asynSave(Praise praise);
4  }
```

然后我们在类 PraiseServiceImpl 下实现 asynSave 方法。asynSave 方法并不保存说说记录,而是调用 PraiseProducer 类的 sendMessage 推送消息。

```
1  @Service
2  public class PraiseServiceImpl implements PraiseService {
3  private static Destination destination = new
4  ActiveMQQueue("myqueue.asyn.save");
5  @Resource
6  private PraiseProducer praiseProducer;
7  @Override
8  public String asynSave(Praise praise){
9      //往队列 myqueue.asyn.save 推送消息,消息内容为说说实体
10     praiseProducer.sendMessage(destination, praise);
11     return "success";
12 }
13 }
```

最后,我们修改 PraiseConsumer 消费者类,在 receiveQueue 方法中保存说说记录,参考代码如下:

```
1  @Resource
2  private PraiseService praiseService;
3  @JmsListener(destination = "myqueue.asyn.save")
4  public void receiveQueue(Praise praise){
5      praiseService.save(praise);
6  }
```

用户发表了说说,异步保存所有代码开发完成之后,我们在测试类 DemoApplicationTests 下添加 testActiveMQAsynSave 测试方法,参考代码如下:

```
1  @Resource
2  private PraiseService praiseService;
3
4  @Test
5  public void testActiveMQAsynSave() {
6      Praise praise = new Praise();
7      praise.setId("2");
8      praise.setUserId("laowang");
9      praise.setPraiseNum(0);
10     praise.setContent("这是我的第一条微信说说!");
11     praise.setPublishTime(new Date());
12     String msg = praiseService.asynSave(praise);
13     System.out.println("异步发表说说:" + msg);
14 }
```

运行测试方法 testActiveMQAsynSave,成功之后,我们可以在数据库表 tb_praise 查询到用户 id 为 laowang 发表的记录,具体如图 9-12 所示。

id	content	user_id	praise_num	publish_time
1	这是我的第一次留言测试!	laozhang	0	2022-03-05 16:32:45
2	这是我的第一条微信说说!	laowang	0	2022-03-05 17:01:03

图 9-12   ID 为 laowang 发布的说说记录

9.4 **Spring Boot** 整合 RabbitMQ

9.4.1 RabbitMQ 简介

RabbitMQ 是一个高级消息队列协议（AMQP）的开源消息代理软件（亦称面向消息的中间件），服务器端用 Erlang 语言编写，支持多种客户端，如：Python、Ruby、.NET、Java、JMS、C、PHP、ActionScript、XMPP、STOMP 等，支持 AJAX。用于在分布式系统中存储转发消息，在易用性、扩展性、高可用性等方面表现不俗。

9.4.2 RabbitMQ 下载和安装

在使用 RabbitMQ 之前必须预先安装配置，参考 RabbitMQ 官网说明，RabbitMQ 支持多平台安装，例如 Linux、Windows、MacOS、Docker 等。这里，我们以 Windows 环境为例，介绍 RabbitMQ 的安装配置。

1. 下载 RabbitMQ

进入 RabbitMQ 官网（https://www.rabbitmq.com/install-windows.html），在该页面中可以选择 rabbitmq-server-3.9.13.exe（3.9.13 版本是本书编写时的最新稳定版本）进行下载。如图 9-13 所示。

直接下载

描述	下载	签名
Windows 系统的安装程序（来自GitHub）	rabbitmq-server-3.9.13.exe	签名

图 9-13 RabbitMQ 的下载

需要说明的是，在 Windows 环境下安装 RabbitMQ 消息中间件还需要 64 位的 Erlang 语言包支持。

2. 安装 RabbitMQ

RabbitMQ 安装包依赖于 Erlang 语言包的支持，所以需要先下载（https://www.erlang.org/downloads）安装 Erlang 语言包，再安装 RabbitMQ 安装包。RabbitMQ 安装包和 Erlang 语言包的安装都非常简单，只需要双击下载的 exe 文件进行安装即可。

需要说明的是，在 Windows 环境下首次执行 RabbitMQ 的安装，系统环境变量中会自动增加一个变量名为 ERLANG_ HOME 的变量配置，它的配置路径是 Erlang 选择安装的具体路径，无须手动修改。

配置 RabbitMQ 的环境变量后，在控制台中执行如下命令，该命令表示安装管理插件。

```
1    rabbitmq-plugins.bat enable rabbitmq_management
```

执行如下命令,启动RabbitMQ:

```
1    rabbitmq-server.bat
```

3.RabbitMQ可视化效果展示

RabbitMQ默认提供了两个端口号:5672和15672,其中5672用作服务端口号,15672用作可视化管理端口号。在浏览器上访问"localhost:15672"通过可视化的方式查看RabbitMQ,如图9-13所示,首次登录RabbitMQ可视化管理页面时需要进行用户登录,RabbitMQ安装过程中默认提供了用户名和密码均为guest的用户,可以使用该账户进行登录。登录成功后会进入RabbitMQ可视化管理页面的首页,如图9-14,图9-15所示。

图9-14   Rabbit MQ可视化登录页面

图9-15   RabbitMQ可视化管理页面首页

在图9-15所示的RabbitMQ可视化管理页面中,显示了RabbitMQ的版本、用户信息等信息,同时页面还包括Connections、Channeis、Exchanges、Queues、Admin在内的管理面板。

9.4.3   Spring Boot整合 RabbitMQ

完成RabbitMQ的安装后,下面我们开始对Spring Boot整合RabbitMQ实现消息服务需要的整合环境进行搭建,具体步骤如下所示。

Spring Boot整合RabbitMQ可分为创建生产者工程与消费者工程。

创建生产者工程步骤如下:

(1)添加RabbitMQ的起步依赖;

(2)在application.yml中配置RabbitMQ的信息;

(3)创建一个RabbitMQ配置类;

(4)创建生产者发送消息。

创建消费者工程步骤如下:

(1)添加RabbitMQ的起步依赖;

(2)在application.yml中配置RabbitMQ的信息;

(3)创建一个消息监听器处理类;

(4)启动消费者工程,消费生产者消息。

1.创建生产者工程

第一步 在Dependencies依赖选择中选择Web模块中的Web依赖以及Integration模块中的RabbitMQ依赖,如图9-16所示。

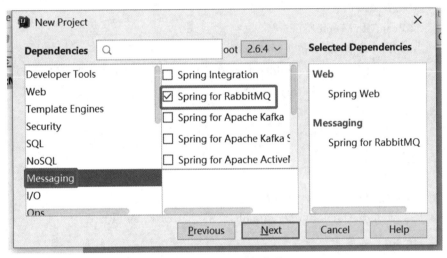

图9-16 项目添加依赖

第二步 编写application.yml配置文件,连接RabbitMQ服务,参考代码如下:

```
1  #tomcat端口
2  server:
3    port: 8081
4  #Rabbitmq的配置
5  spring:
6    rabbitmq:
7      host: localhost
8      port: 5672
9      virtual-host: /
```

```
10        username: guest
11        password: guest
```

在文件中,连接的 RabbitMQ 服务端口号为5672,并使用了默认用户 guest 连接。

第三步 创建 RabbitMQ 队列与交换机绑定的配置类 RabbitMQConfig,参考代码如下:

```
1   @Configuration
2   public class RabbitMQConfig {
3       //定义交换机名称
4       public static final String ITEM_TOPIC_EXCHANGE =
5   "item_topic_exchange";
6       //定义队列名称
7       public static final String ITEM_QUEUE = "item_queue";
8
9       //声明交换机
10      @Bean("itemTopicExchange")
11      public Exchange topicExchange(){
12          return ExchangeBuilder.topicExchange(ITEM_TOPIC_EXCHANGE)
13              .durable(true).build();
14      }
15
16      //声明队列
17      @Bean("itemQueue")
18      public Queue itemQueue(){
19          return QueueBuilder.durable(ITEM_QUEUE).build();
20      }
21
22      //绑定队列和交换机
23      @Bean
24      public Binding itemQueueExchange(@Qualifier("itemQueue") Queue queue,
25  @Qualifier("itemTopicExchange") Exchange exchange){
26          return BindingBuilder.bind(queue).to(exchange)
27              .with("item.#").noargs();
28      }
29  }
```

第四步 创建生产者 SendMsgController 控制器,使用 RabbitTemplate 发送消息,参考代码如下:

```
1  @RestController
2  public class SendMsgController {
3      //注入 RabbitMQ 的模板
4      @Autowired
5      private RabbitTemplate rabbitTemplate;
6      @GetMapping("/sendmsg")
7      public String sendMsg(@RequestParam String msg, @RequestParam String
8  key){
9      rabbitTemplate.convertAndSend(RabbitMQConfig.ITEM_TOPIC_EXCHANGE,
10 key,msg);
11          return "生产者发送消息成功！";    //返回消息
12      }
13 }
```

启动生产者启动类前,RabbitMQ平台监控情况如图9-17所示。

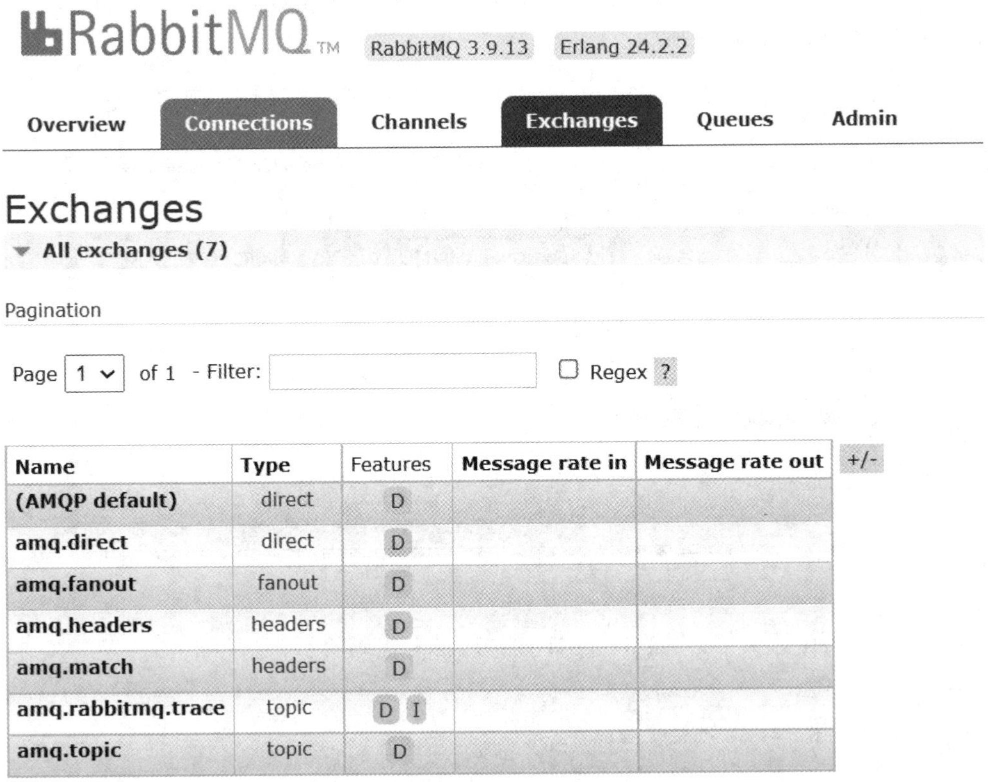

RabbitMQ™ RabbitMQ 3.9.13　Erlang 24.2.2

Overview　**Connections**　Channels　**Exchanges**　Queues　Admin

Exchanges

▼ All exchanges (7)

Pagination

Page [1 ▼] of 1　- Filter: [＿＿＿＿＿＿＿]　□ Regex ?

Name	Type	Features	Message rate in	Message rate out	+/-
(AMQP default)	direct	D			
amq.direct	direct	D			
amq.fanout	fanout	D			
amq.headers	headers	D			
amq.match	headers	D			
amq.rabbitmq.trace	topic	D I			
amq.topic	topic	D			

图9-17　生产者启动前监控情况

第五步 启动生成者启动类后,输入如下网址:http://localhost:8081/sendmsg?msg=老张的消息&key=item.Rabbit,如图9-18所示。

提示:key=item.XXX应符合路由规范。

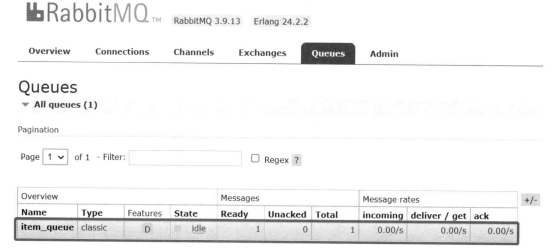

图9-18　监控到一个生产者消息

2.创建消费者工程

第一步　在Dependencies依赖选择中选择Web模块中的Web依赖以及Integration模块中的RabbitMQ依赖,如图9-19所示。

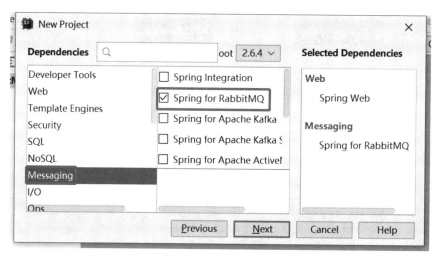

图9-19　项目添加依赖

第二步　编写配置文件,连接RabbitMQ服务,参考代码所示:

```
1  #Tomcat端口注意不要冲突
2  server:
3    port: 8082
4  #Rabbitmq的配置
5  spring:
6    rabbitmq:
```

```
7        host: localhost
8        port: 5672
9        virtual-host: /
10       username: guest
11       password: guest
```

第三步 在 com.isoft.listener 包下，编写消息监听处理类 MyListener，参考代码如下：

```
1    @Component
2    public class MyListener {
3        @RabbitListener(queues = "item_queue")
4        public void msg(String msg){
5            System.out.println("消费者消费消息:"+msg);
6            //TODO 这里可以做异步的工作
7        }
8    }
```

3.消息队列测试

生产者发送一些消息，输入如下网址，传入如下参数，如图9-20所示。

http://localhost:8081/sendmsg?msg=老王的消息&key=item.Rabbit http://localhost:8081/sendmsg?msg=很多人的消息&key=item.Rabbit

Overview				Messages			Message rates			+/-
Name	**Type**	Features	**State**	**Ready**	**Unacked**	**Total**	incoming	deliver / get	ack	
item_queue	classic	D	idle	3	0	3	0.00/s	0.00/s	0.00/s	

图9-20 RabbitMQ监控到多个消息

启动消费者工程启动类，消费了生产者的消息，查看控制台结果，如图9-21所示。

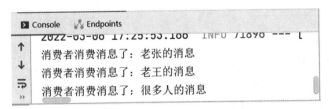

图9-21 消费者消费了所有消息

9.4.4 RabbitMQ工作模式

1.简单模式 HelloWorld

一个生产者、一个消费者，不需要设置交换机（使用默认的交换机）。

2.工作队列模式 Work Queue

一个生产者、多个消费者(竞争关系),不需要设置交换机(使用默认的交换机)。

3.发布订阅模式 Publish/subscribe

需要设置类型为 fanout 的交换机,并且交换机和队列进行绑定,当发送消息到交换机后,交换机会将消息发送到绑定的队列。

4.路由模式 Routing

需要设置类型为 direct 的交换机,交换机和队列进行绑定,并且指定 routing key,当发送消息到交换机后,交换机会根据 routing key 将消息发送到对应的队列。

5.通配符模式 Topic

需要设置类型为 topic 的交换机,交换机和队列进行绑定,并且指定通配符方式的 routing key,当发送消息到交换机后,交换机会根据 routing key 将消息发送到对应的队列。

本章小结

本章主要讲解了什么是消息中间件和 JMS 的介绍和应用程序接口的理解。然后通过两款常用的消息中间件进行演示说明,并通过 Spring Boot 整合 ActiveMQ 和 Spring Boot 整合 RabbitMQ 实现生产者和消费者模式进行举例。希望通过本章的学习,大家能够掌握消息队列的使用了。

本章内容因篇幅有限,仅使用了最简单的方法讲解了消息队列的基本应用。要想融会贯通还需要大量的学习和实践。

> 攻击甚至贬低别人的代码并不会让你成为一名更好的程序员,也不会提升你的资历。大多数新手都会攻击其他程序员的代码,因为他们可能对简单的概念都难以理解。
>
> ——Java 领路人

经典面试题

1.常用的消息队列中间件有哪些?

2.为什么要使用消息服务?

3.使用 RabbitMQ 有什么好处?

4.RabbitMQ 有哪些工作模式?

5.在 Spring Boot 项目中消息服务实现整合的常见工作模式有哪些?

上机练习

1.Spring Boot整合RabbitMQ发送邮件,实现并发发送邮件,检查邮件是否是垃圾邮件功能。

提示:实现模拟发送邮件即可,真实发邮件会在下一章详解。

2.Spring Boot+RabbitMQ实现简单聊天室功能。

3.Spring Boot+RabbitMQ实现公告消息实时推送功能。

第 10 章

Spring Boot任务管理

在开发Web应用时,多数应用都具备任务调度的功能,常见的任务包括异步任务,定时任务和邮件服务。

本章要点(在学会的前面打钩)

☐ 熟悉Spring Boot整合异步任务的实现

☐ 熟悉Spring Boot整合定时任务的实现

☐ 熟悉Spring Boot整合邮件任务的实现

☐ Spring Boot整合quartz任务调度框架的使用

10.1 异步任务

Web应用开发中,大多数都是通过同步方式完成数据交互的,但是当我们在处理与第三方系统交互的时候,容易造成响应迟缓的问题,为了解决这个问题,我们大部分时候会采用多线程的方式来面对,除了多线程技术之外,我们还可以使用异步任务的方式来完美解决这个问题。但是在Spring3以后它就已经内置了异步任务供我们使用。

异步任务根据处理方式的不同可以分为无返回值异步调用和有返回值异步调用。

如果在Spring Boot中使用异步,只需要采用@EnableAysnc、@Aysnc这两个注解即可:

@EnableAsync注解表示开启对异步任务的支持;

@Async注解是用来声明一个或多个异步任务,可以加在方法或者类上。加在类上表示这整个类都是使用这个自定义线程池进行操作。

10.1.1 无返回值异步调用

如我们在网站上发送邮件,后台会去发送邮件,此时前台会造成响应不动,直到邮件发送完毕,响应才会成功,针对这种情况我们一般会采用多线程或异步的方式去处理。下面通过一个实例演示一下异步调用的情况:

第一步 创建一个新的工程,完成后的项目结构如图10-1所示:

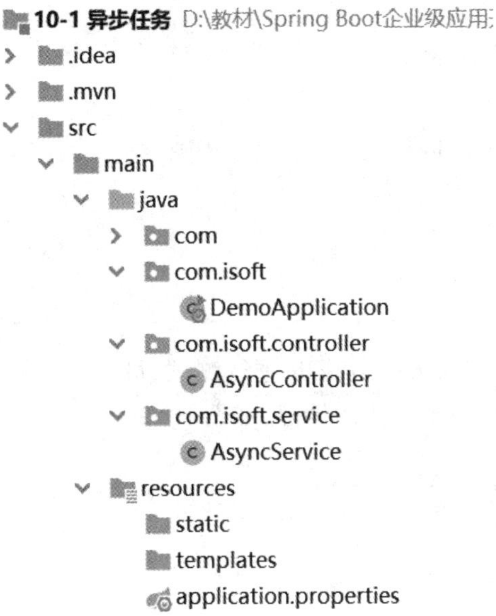

图 10-1 项目目录结构

第二步 创建一个 service 包，编写一个 AsyncService 服务类，使用线程设置 3 秒延时，模拟正在处理数据，参考代码如下：

```
1    @Service
2    public class AsyncService {
3        public void hello(){
4            try {
5                System.out.println("业务进行中 ....");
6                long startTime = System.currentTimeMillis();
7                Thread.sleep(3000);//延时 3 秒，模拟正在处理数据
8                long endTime = System.currentTimeMillis();
9                System.out.println("业务处理完成，耗时："+(endTime-startTime));
10           } catch (InterruptedException e) {
11               e.printStackTrace();
12           }
13       }
14   }
```

第三步 新建 controller 包，编写 AsyncController 控制器类，调用服务层方法，参考代码如下：

```
1    @RestController
2    public class AsyncController {
3        @Autowired
4        AsyncService asyncService;
```

```
5      @GetMapping("/hello")
6      public String hello(){
7          asyncService.hello();
8          return "success";
9      }
10 }
```

第四步　访问http://localhost:8080/hello进行测试，可以观察到后台的输出内容，3秒后浏览器出现"success"，但这是同步等待的情况，如图10-2所示。

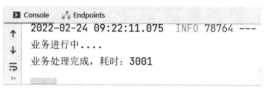

图10-2　项目运行控制台效果

上面案例的用户体验不好，如果我们想让用户快速得到返回消息，就在后台使用多线程的方式进行处理即可，但是每次都自己手动去编写多线程的实现的话，太麻烦，新的解决方案我们只需在方法上加一个简单的注解即可实现。

第五步　修改服务层AsyncService类hello方法，添加@Async注解，参考代码如下：

```
1   //告诉Spring这是一个异步方法
2   @Async
3   public void hello(){
4       try {
5           System.out.println("业务进行中 ....");
6           long startTime = System.currentTimeMillis();
7           Thread.sleep(3000);
8           long endTime = System.currentTimeMillis();
9           System.out.println("业务处理完成，耗时："+(endTime-startTime));
10      } catch (InterruptedException e) {
11          e.printStackTrace();
12      }
13 }
```

@Async的作用运行时Spring Boot就会自己开一个线程池，进行异步调用。但是要让这个注解生效，我们还需要在主程序上添加一个注解@EnableAsync，开启异步注解功能：

```
1   @EnableAsync //开启异步注解功能
2   @SpringBootApplication
```

```
3  public class SpringbootTaskApplication {
4    public static void main(String[] args) {
5      SpringApplication.run(SpringbootTaskApplication.class, args);
6    }
```

第六步 重新启动进行测试,我们会发现网页瞬间响应,同时后台代码正常执行,结果如图 10-3 所示。

图 10-3　无返回值异步调用

10.1.2　有返回值异步调用

第一步 上述项目中,在 AsyncService 服务类里添加一个新的方法 hello1(),在 hello 方法基础上,添加一个返回值,参考代码如下:

```
1  @Async
2    public Long hello1() throws InterruptedException {
3      System.out.println("业务进行中 ....");
4      long startTime = System.currentTimeMillis();
5      Thread.sleep(5000);
6      long endTime = System.currentTimeMillis();
7      System.out.println("业务处理完成,耗时:"+(endTime-startTime));
8      return endTime - startTime;
9    }
```

一定要注意这里使用的返回值类型是包装类类型。
第二步 修改控制层代码,添加新路由,调用服务层 hello1 方法,参考代码如下:

```
1  @GetMapping("/hello1")
2  public String hello1() throws InterruptedException {
3    long startTime = System.currentTimeMillis();
4    Long l=asyncService.hello1();
5    System.out.println("异步方法耗时:"+l);
6    long endTime = System.currentTimeMillis();
7    System.out.println("控制层代码耗时:"+(endTime-startTime));
```

```
8      return "success";
9   }
```

第三步 启动运行,访问 http://localhost:8080/hello1,观察到控制台的输出结果,如图 10-4 所示。

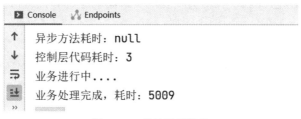

图 10-4 项目运行效果

异步方法耗时为 null,说明这不是我们想得到的结果,异步请求实际上并没有得到返回值。

第四步 其实如果处理有返回值的异步请求,返回值需要用 Futrue 变量封装起来。修改服务层类,添加如下新方法,参考代码如下:

```
1   @Async
2   public Future<Long> fHello1() throws InterruptedException {
3       long start = System.currentTimeMillis();
4       Thread.sleep(4000);
5       long end = System.currentTimeMillis();
6       System.out.println("业务 A 耗时:"+(end-start));
7       return new AsyncResult<Long>((end-start));
8   }
9   @Async
10  public Future<Long> fHello2() throws InterruptedException {
11      long start = System.currentTimeMillis();
12      Thread.sleep(3000);
13      long end = System.currentTimeMillis();
14      System.out.println("业务 B 耗时:"+(end-start));
15      return new AsyncResult<Long>((end-start));
16  }
```

第五步 下面在控制层添加路由调用这两个用 Future 类包装起来的异步方法,参考代码如下:

```
1    @GetMapping("/hello2")
2    public String hello2() throws InterruptedException, ExecutionException {
3        long startTime = System.currentTimeMillis();
4        Future<Long> fa=asyncService.fHello1();
5        Future<Long> fb=asyncService.fHello2();
6        long total = fa.get() + fb.get();
7        System.out.println("异步方法耗时："+total);
8        long endTime = System.currentTimeMillis();
9        System.out.println("控制层代码耗时："+(endTime-startTime));
10       return "success";
11   }
```

第六步 再次运行程序,访问 http://localhost:8080/hello2 进行测试,控制台的输出内容,如图 10-5 所示。

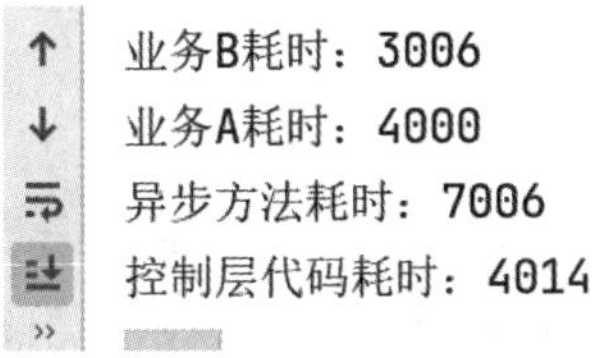

业务B耗时：3006
业务A耗时：4000
异步方法耗时：7006
控制层代码耗时：4014

图10-5 有返回值异步调用

10.2 定时任务

在日常的项目开发中,往往会涉及一些需要做到定时执行的代码,例如自动将超过24小时的未付款的订单改为取消状态,自动将超过14天客户未签收的订单改为已签收状态等。

现在实现定时任务的方式也是多种多样的,下面列举几种常见的定时任务实现方式:

(1)Timer:这是 Java 自带的 java.util.Timer 类,这个类允许你调度一个 java.util.TimerTask 任务。使用这种方式可以让你的程序按照某一个频度执行,但不能在指定时间运行。一般用得较少。

(2)ScheduledExecutorService:也 JDK 自带的一个类,是基于线程池设计的定时任务类,每个调度任务都会分配到线程池中的一个线程去执行。也就是说任务是并发执行,互不影响。

(3)Spring Task:Spring3.0 以后自带的 task,可以将它看成一个轻量级的 Quartz(石英钟),而且使用起来比 Quartz 简单许多。

(4)Quartz:是一个功能比较强大的调度器,可以让你的程序在指定时间执行,也可以按照某一个频度执行,但配置起来稍显复杂。

10.2.1 使用 Timer 实现定时任务

项目的这个案例功能是安排指定的任务在指定的时间开始进行重复的固定延迟执行，这里是延迟10毫秒后每3秒执行一次，参考代码如下：

```
1   public class TestTimer {
2       public static void main(String[] args) {
3           TimerTask timerTask = new TimerTask() {
4               @Override
5               public void run() {
6                   System.out.println("task   run:" + new Date());
7               }
8           };
9           Timer timer = new Timer();
10          timer.schedule(timerTask, 10, 3000);
11      }
12  }
13  timer.schedule(task, 0); // 此处 delay 为 0 表示没有延迟，立即执行一次 task
14  timer.schedule(task, 1000); // 延迟1秒，执行一次 task
15  timer.schedule(task, 0, 2000); // 立即执行一次 task，然后每隔2秒执行一次 task
```

10.2.2 使用 ScheduledExecutorService 实现定时任务

ScheduledExecutorService是基于线程池设计的定时任务类，每个调度任务都会分配到线程池中的一个线程去执行，也就是说，任务是并发执行，互不影响。

注意，只有当调度任务来的时候，ScheduledExecutorService才会真正启动一个线程，其余时间 ScheduledExecutorService 都是处于轮询任务的状态。

1.scheduleAtFixedRate 方法的使用

```
1   public class TestScheduledExecutorService {
2       public static void main(String[] args) {
3           ScheduledExecutorService service =
4   Executors.newSingleThreadScheduledExecutor();
5           // 参数：1、任务体 2、首次执行的延时时间
6           //      3、任务执行间隔 4、间隔时间单位
7           service.scheduleAtFixedRate(() -> System.out.println("任务计划执行
8   器服务" + new Date()), 0, 3, TimeUnit.SECONDS);
```

```
9      }
10 }
```

提示:第7行,第8行用的是Java Lambda表达式,jdk1.8的新特性。

2.scheduleWithFixedDelay

```
1  public class TestScheduledExecutorService {
2      public static void main(String[] args) {
3          public static void main(String[] args) {
4      ScheduledExecutorService executorService =
5  Executors.newScheduledThreadPool(1);
6      SimpleDateFormat df =new SimpleDateFormat("yyyy-MM-dd HH:mm:ss");
7      executorService.scheduleWithFixedDelay(new Runnable() {
8          @Override
9          public void run() {
10             System.out.println("thread:" + df.format(new Date()));
11         }
12     }, 2, 3, TimeUnit.SECONDS);
13     System.out.println("main:" + df.format(new Date()));
14 }
15 }
```

两个方法的区别如下:

ScheduleAtFixedRate 每次执行时间为上一次任务开始起向后推一个时间间隔,即每次执行时间为 initialDelay,initialDelay+period,initialDelay+2*period···

ScheduleWithFixedDelay 每次执行时间为上一次任务结束起向后推一个时间间隔,即每次执行时间为: initialDelay,initialDelay + executeTime + delay,initialDelay + 2*executeTime + 2*delay···

由此可见,ScheduleAtFixedRate 是基于固定时间间隔进行任务调度,ScheduleWithFixedDelay 取决于每次任务执行的时间长短,是基于不固定时间间隔进行任务调度。

10.2.3 使用@Scheduled实现定时任务

第一步 创建定时任务,参考代码如下:

```
1  @Component
2  public class ScheduledTasks {
3      private Logger logger = LoggerFactory.getLogger(ScheduledTasks.class);
```

```
4        private int fixedDelayCount = 1;
5        private int fixedRateCount = 1;
6        private int initialDelayCount = 1;
7        private int cronCount = 1;
8
9        @Scheduled(fixedDelay = 5000)
10       //表示当前方法执行完毕5000ms后,Spring scheduling会再次调用该方法
11       public void testFixDelay() {
12           logger.info("===fixedDelay: 第{}次执行方法", fixedDelayCount++);
13       }
14
15       @Scheduled(fixedRate = 5000)
16       //表示当前方法开始执行5000ms后,Spring scheduling会再次调用该方法
17       public void testFixedRate() {
18           logger.info("===fixedRate: 第{}次执行方法", fixedRateCount++);
19       }
20
21       @Scheduled(initialDelay = 1000, fixedRate = 5000)
22       //表示延迟1000ms执行第一次任务
23       public void testInitialDelay() {
24           logger.info("===initialDelay: 第{}次执行方法",
25  initialDelayCount++);
26       }
27
28       @Scheduled(cron = "0 15 10 * * ?")
29       //cron接受cron表达式,根据cron表达式确定定时规则,表示:每天10:15定时触发执行
30       public void testCron() {
31           logger.info("===initialDelay: 第{}次执行方法", cronCount++);
32       }
33  }
```

我们使用@Scheduled来创建定时任务时,表示用来标注一个定时任务方法,通过查看@Scheduled源码可以看出它支持多种参数解释如下:

1.配置参数

(1)cron:cron表达式,指定任务在特定时间执行;

(2)fixedDelay:表示上一次任务执行完成后多久再次执行,参数类型为long,单位ms;

(3)fixedDelayString:与fixedDelay含义一样,只是参数类型变为String;

(4)fixedRate:表示按一定的频率执行任务,参数类型为long,单位ms;

(5)fixedRateString: 与fixedRate的含义一样,只是将参数类型变为String;

（6）initialDelay：表示延迟多久再第一次执行任务，参数类型为long，单位ms；

（7）initialDelayString：与initialDelay的含义一样，只是将参数类型变为String；

（8）zone：时区，默认为当前时区，一般没有用到。

2．常用的cron表达式

（1）`0/2 * * * * ?` 表示每2秒执行任务；

（2）`0 0/2 * * * ?` 表示每2分钟执行任务；

（3）`0 0 2 1 * ?` 表示在每月的1日的凌晨2点调整任务；

（4）`0 15 10 ? * MON-FRI` 表示周一到周五每天上午10:15执行作业；

（5）`0 15 10 ? 6L 2020-2026` 表示2020-2026年的每个月的最后一个星期五上午10:15执行作；

（6）`0 0 10,14,16 * * ?` 每天上午10点，下午2点，4点；

（7）`0 0/30 9-17 * * ?` 朝九晚五工作时间内每半小时；

（8）`0 0 12 ? * WED` 表示每个星期三中午12点；

（9）`0 0 12 * * ?` 每天中午12点触发；

（10）`0 15 10 ? * *` 每天上午10:15触发；

（11）`0 15 10 * * ?` 每天上午10:15触发；

（12）`0 15 10 * * ?` 每天上午10:15触发；

（13）`0 15 10 * * ? 2022` 2022年的每天上午10:15触发；

（14）`0 * 14 * * ?` 在每天下午2点到下午2:59期间的每1分钟触发；

（15）`0 0/5 14 * * ?` 在每天下午2点到下午2:55期间的每5分钟触发；

（16）`0 0/5 14,18 * * ?` 在每天下午2点到2:55期间和下午6点到6:55期间的每5分钟触发；

（17）`0 0-5 14 * * ?` 在每天下午2点到下午2:05期间的每1分钟触发；

（18）`0 10,44 14 ? 3 WED` 每年三月的星期三的下午2:10和2:44触发；

（19）`0 15 10 ? * MON-FRI` 周一至周五的上午10:15触发；

（20）`0 15 10 15 * ?` 每月15日上午10:15触发；

（21）`0 15 10 L * ?` 每月最后一日的上午10:15触发；

（22）`0 15 10 ? * 6L` 每月的最后一个星期五上午10:15触发；

（23）`0 15 10 ? * 6L 2022-2026` 2022年至2026年的每月的最后一个星期五上午10:15触发；

（24）`0 15 10 ? * 6#3` 每月的第三个星期五上午10:15触发。

专家提醒

上述表达式不用记住，也记不住，有在线生成cron表达式的网站，以下三个网站仅作为参考：

1.https://jingyan.baidu.com/article/7f41ecec0d0724593d095c19.html

2.http://www.bejson.com/othertools/cron/

3.https://www.matools.com/cron

第二步 开启定时任务,参考代码如下:

```
1   @EnableScheduling //开启基于注解的定时任务
2   @SpringBootApplication
3   public class DemoApplication {
4       public static void main(String[] args) {
5           SpringApplication.run(DemoApplication.class, args);
6       }
7   }
```

使用@EnableScheduling注解开启定时任务,它的作用是发现注解@Scheduled的任务并由后台执行。没有它的话将无法执行定时任务。

第三步 测试运行,至此完成了一个简单的定时任务模型,运行结果如图10-6所示。

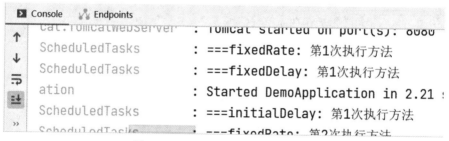

图10-6 @Scheduled定时任务结果

从控制台输入的结果中我们可以看出所有的定时任务都是在同一个线程池用同一个线程来处理的,那么我们如何来并发的处理定时任务呢?

10.2.4 多线程处理定时任务

看到上述控制台输出的结果,所有的定时任务都是通过一个线程来处理的。

猜测是在定时任务的配置中设定了一个SingleThreadScheduledExecutor,于是看了源码,从ScheduledAnnotationBeanPostProcessor类开始一路找下去。果然,在ScheduledTask Registrar(定时任务注册类)中的ScheduleTasks中有这样一段判断:

```
1   if (this.taskScheduler == null) {
2       this.localExecutor = Executors.newSingleThreadScheduledExecutor();
3       this.taskScheduler = new ConcurrentTaskScheduler(this.localExecutor);
4   }
```

这就说明如果taskScheduler为空,那么就给定时任务做了一个单线程的线程池,正好在这个类中还有一个设置taskScheduler的方法:

```
1   public void setScheduler (Object scheduler){
2       Assert.notNull(scheduler, "Scheduler object must not be null");
3       if (scheduler instanceof TaskScheduler) {
4           this.taskScheduler = (TaskScheduler) scheduler;
5       } else if (scheduler instanceof ScheduledExecutorService) {
6           this.taskScheduler = new
7   ConcurrentTaskScheduler(((ScheduledExecutorService) scheduler));
8       } else {
9           throw new IllegalArgumentException("Unsupported scheduler type: " +
10  scheduler.getClass());
11      }
12  }
```

这样问题就很简单了,我们只需用调用这个方法显式地设置一个ScheduledExecutor Service就可以达到并发的效果了。

我们要做的仅仅是实现SchedulingConfigurer接口,重写configureTasks方法就OK了;

```
1   @Configuration
2   //所有的定时任务都放在一个线程池中,定时任务启动时使用不同的线程。
3   public class ScheduleConfig implements SchedulingConfigurer {
4       @Override
5       public void configureTasks(ScheduledTaskRegistrar taskRegistrar) {
6           //设定一个长度10的定时任务线程池
7           taskRegistrar.setScheduler(Executors.newScheduledThreadPool(10));
8       }
9   }
```

运行测试,通过控制台输出的结果看出每个定时任务都是在由不同的线程来处理了,如图10-7所示。

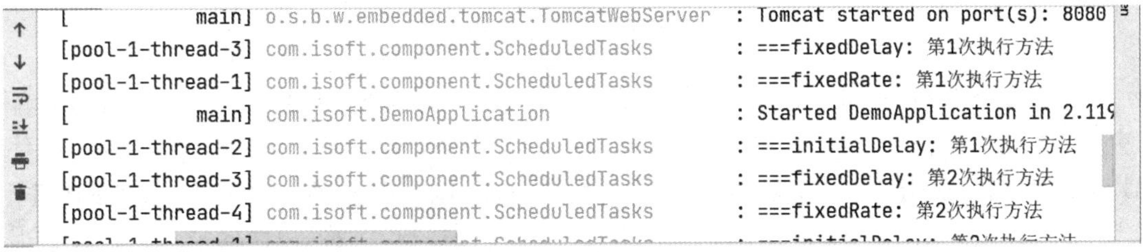

图10-7 多线程处理任务结果

10.3 邮件任务

10.3.1 SMTP协议简介

SMTP是一种提供可靠且有效的电子邮件传输的协议。SMTP是建立在FTP文件传输服务上的一种邮件服务,主要用于系统之间的邮件信息传递,并提供有关来信的通知。

简单来说,我们使用的这些邮件发送功能,它们之间都有一个专门的电子邮件的服务器,类似于邮局,你将邮件发给邮局,邮局又会根据你的邮寄地址发送给相应的邮局,然后接收方去邮局取邮件。而邮件服务器呢,就是互联网之间的一个邮局,不同的网络之间也能实现电子邮件的发送。

Spring框架在Java邮件服务的基础上进行了封装,Spring Boot在Spring的基础上对邮件服务进一步地封装,让Spring Boot发送邮件更为便利、灵活。

10.3.2 开启SMTP服务并获取授权码

我们以QQ邮箱为例,要想在Spring Boot发送QQ邮件必须先打开QQ邮箱的SMTP功能,默认是关闭的,具体操作如下。

进入邮箱→设置→账户,然后找到。如图10-8所示界面。

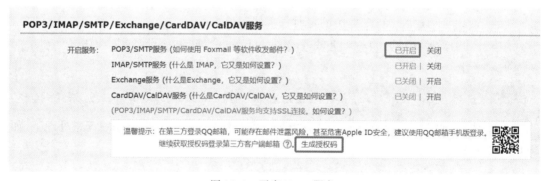

图10-8 开启SMTP服务

将第一个开启,这里我已经开启了,就不用再开启了,至于POP3协议,这是一种从邮件服务器上读取邮件的协议,通过POP3协议,收信人不需要参与到与邮件服务器之间的邮件读取过程,简化了用户操作。收信人可以"离线"地进行邮件处理,很方便地接收、阅读邮件。

然后我们开启之后还需要获取一个授权码,这个授权码在我们后面的编写邮件配置需要用到(获取授权码可能需要验证身份什么的)。一定要保存好授权码。

10.3.3　依赖导入与配置说明

邮件发送，在我们的日常开发中也非常多，Spring Boot也帮我们做了支持，邮件发送需要引入spring-boot-start-mail依赖，Spring Boot自动配置MailSenderAutoConfiguration。

```
1  <dependency>
2    <groupId>org.springframework.boot</groupId>
3    <artifactId>spring-boot-starter-mail</artifactId>
4  </dependency>
```

在配置文件中加入发送邮件的相关配置，如图10-9所示。

```
1  #username是你的邮箱账号,带上后缀
2  spring.mail.username= 你的邮箱地址
3  #password是你刚刚复制的授权码
4  spring.mail.password=你的qq授权码
5  #host是你的邮件服务器地址
6  spring.mail.host=smtp.qq.com
7  #设置邮件的编码
8  default-encoding=utf-8
9  # qq需要额外配置ssl
10 spring.mail.properties.mail.smtp.ssl.enable=true
```

图 10-9　邮件配置

10.3.4　发送纯文本邮件

```
1   @RestController
2   public class MailController {
3       @Autowired
4       JavaMailSenderImpl javaMailSender;
5       @RequestMapping("/mail")
6       public String sendMail() {
7           SimpleMailMessage message = new SimpleMailMessage();
8           //邮件设置
9           message.setSubject("程序员的一天");
10          message.setText("一杯茶，一支烟，一个bug改一天");
11          message.setTo("XXXXXX@163.com", "XXXXXX@qq.com");
12          message.setFrom("XXXXXX@qq.com");
13          javaMailSender.send(message);
14          return "简单邮件发送成功！";
15      }
16  }
```

JavaMailSenderImpl就是一个Spring Boot中用来发送邮件的一个实现类，我们需要将它注入到bean中，里面有一些方法，比如标题、内容、发送日期、抄送人等。

运行测试方法，邮箱提示接受到邮件，邮件发送成功如图10-10，图10-11所示。

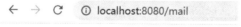

简单邮件发送成功！

图10-10　邮件发送成功

一杯茶，一支烟，一个bug改一天

图10-11　接收邮件成功

10.3.5　发送带附件和图片的邮件

创建一个MimeMessage邮件，但是我们也需要创建一个工具类MimeMessageHelper，相当于代理类，邮件的属性配置就由这个工具类来实现。

（1）setText()，这里用到的第一个参数就是文本字符串，第二个就是是否解析文本中的html语法。

（2）addAttachment()这个方法是用来添加附件的，附件和我们之前添加的图片不一样，附件作为一种未下载的文件，而资源文件则是直接显示到正文中。

参考代码如下：

```
1  @RequestMapping("/mineMail")
2  public String sendMineMail() throws MessagingException {
3      //1、创建一个MimeMessage
4      MimeMessage mimeMessage = javaMailSender.createMimeMessage();
5      MimeMessageHelper helper = new MimeMessageHelper(mimeMessage, true);
6      //邮件主题
7      helper.setSubject("程序员的另一天");
8      //文本中添加图片
9      helper.addInline("image1",new
10 FileSystemResource("D:\\file\\logo.png"));
11     //邮件内容
12     helper.setText("<b style='color:red'>一杯茶，一支烟，一个bug又一天！
13 </b>",true);
14     helper.setTo("511167169@qq.com");
15     helper.setFrom("511167169@qq.com");
16     //附件添加图片
17     helper.addAttachment("证书.jpg",new File("D:\\file\\证书.jpg"));
18     //附件添加word文档
19     helper.addAttachment("项目文档.doc",new File("D:/file/项目文档.doc"));
20     javaMailSender.send(mimeMessage);
21     return "复杂邮件发送！";
22 }
```

运行测试，邮件发送成功，如图10-12，图10-13所示。

图10-12　复杂邮件发送成功

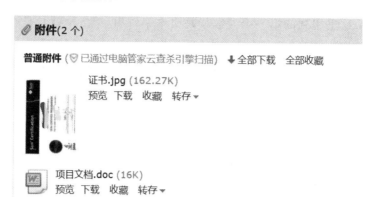

图 10-13　带附件和图片的邮件接收成功

10.3.6　发送模板邮件

推荐在 Spring Boot 中使用 Thymeleaf 来构建邮件模板。因为 Thymeleaf 的自动化配置提供了一个 TemplateEngine，通过 TemplateEngine 可以方便地将 Thymeleaf 模板渲染为 HTML。

第一步　添加 Thymeleaf 依赖，参考代码如下：

```
1   <dependency>
2       <groupId>org.springframework.boot</groupId>
3       <artifactId>spring-boot-starter-thymeleaf</artifactId>
4   </dependency>
```

第二步　创建 Thymeleaf 模板页，并且要在新建的 html 文件中加入 xmlns:th="http://www.thymeleaf.org"，参考代码如下：

```
1   <!DOCTYPE html>
2   <html lang="en" xmlns:th="http://www.thymeleaf.org">
3   <head>
4       <meta charset="UTF-8">
5       <title>Title</title>
6   </head>
7   <body>
8   <p>hello 欢迎加入 xxx 大家庭,您的入职信息如下:</p>
9   <table border="1">
10      <tr>
11          <td>姓名</td>
12          <td th:text="${username}"></td>
13      </tr>
14      <tr>
```

```
15        <td>工号</td>
16        <td th:text="'${num}'"></td>
17    </tr>
18    <tr>
19        <td>薪水</td>
20        <td th:text="'${salary}'"></td>
21    </tr>
22 </table>
23 <div style="color: #ff1a0e">一起努力创造辉煌</div>
24 </body>
25 </html>
```

第三步 编写测试类发送模板邮件,参考代码如下:

注意此处代码中 Context 引入的是 Thymeleaf 包下的 Context 类:

```
1  @Autowired
2  TemplateEngine templateEngine;
3  @RequestMapping("/thyMail")
4  public String sendThymeleafMail() throws MessagingException {
5      MimeMessage mimeMessage = javaMailSender.createMimeMessage();
6      MimeMessageHelper messageHelper = new MimeMessageHelper(mimeMessage);
7      messageHelper.setSubject("这是一个thymeleaf模板邮件");
8      messageHelper.setTo("XXXXXX@qq.com");
9      messageHelper.setFrom("XXXXXX@qq.com");
10     Context context = new Context();
11     // 设置模板中的变量
12     context.setVariable("username", "融创软通");
13     context.setVariable("num","001");
14     context.setVariable("salary", "￥100000");
15     // process()第一个参数为模板的名称
16     String value = templateEngine.process("template.html",context);
17     // setText()第二个参数一定为 true
18     messageHelper.setText(value,true);
19     javaMailSender.send(mimeMessage);
20     return "模板邮件发送成功";
21 }
```

第四步 运行测试,邮件发送成功,如图10-14,图10-15所示。

图 10-14 模板邮件发送成功

这是一个thymeleaf模板邮件 ☆

发件人: ⬜⬜⬜ <⬜⬜⬜@qq.com> 旭

时 间: 2022年2月24日 (星期四) 下午12:17

收件人: ⬜⬜⬜ <⬜⬜⬜@qq.com>

hello 欢迎加入 xxx 大家庭,您的入职信息如下:

姓名	融创软通
工号	001
薪水	¥100000

一起努力创造辉煌

图 10-15 模板邮件接收成功

10.4 综合案例:Spring Boot 整合 Quartz 实现定时任务

10.4.1 Quartz 介绍

Quartz 就是一个基于 Java 实现的任务调度框架,用于执行你想要执行的任何任务。

Quartz 有丰富特性的"任务调度库",能够集成于任何的 Java 应用,小到独立应用,大到电子商业系统。

什么是任务调度?

任务调度就是我们系统中创建了 N 个任务,每个任务都有指定的时间进行执行,而这种多任务的执行策略就是任务调度。

简单来说就是实现"计划(或定时)任务"的系统,例如:订单下单后未付款,15分钟后自动撤销订单,并自动解锁锁定的商品。

Quartz 的作用就是让任务调度变得更加丰富、高效、安全,而且是基于 Java 实现的,这样开发者只需要调用几个接口,即可实现上述需求。

10.4.2 核心结构

1.任务 Job

我们想要调度的任务都必须实现 org.quartz.job 接口,然后实现接口中定义的 execute( ) 方法即可。

2.触发器 Trigger

触发器用来告诉调度程序作业什么时候触发。Quartz 框架提供了5种触发器类型：SimpleTrigger，CronTirgger，DateIntervalTrigger，NthIncludedDayTrigger 和 Calendar 类（org.quartz.Calendar）。

其中最常用的为 SimpleTrigger 和 CronTrigger，其使用场景如下：

SimpleTrigger：执行 N 次，重复 N 次；

CronTrigger：几秒 几分 几时 哪日 哪月 哪周 哪年，执行。

3.调度器 Scheduler

Scheduler 为任务的调度器，它会将任务 Job 及触发器 Trigger 整合起来，负责基于 Trigger 设定的时间来执行 Job。

4.Quartz 体系结构

如图 10-16 所示。

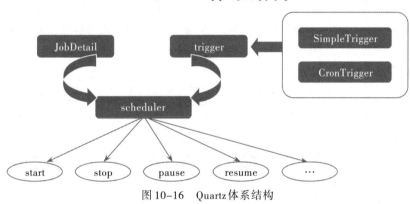

图 10-16　Quartz 体系结构

10.4.3　Quartz 重要组成

1.Job

Job 是一个接口，只有一个方法 void execute(JobExecutionContext context)，开发者可以实现该接口定义运行任务。

Job 有一个参数 JobExecutionContext，这个参数提供了调度上下文的各种信息，Job 运行时的信息就保存在 JobExecutionContext 里的 JobDataMap 实例中。

2.JobDetail

Quartz 在每次执行实例的时候都会重新创建一个 Job 实例，所以它不直接接受一个 Job 实例，而是通过接受一个 Job 实现类，以便运行时通过 new Instance()的反射机制实例化 Job，因此需要通过一个类来描述 Job 的实现类及其他相关静态信息，如 Job 的名字、描述、关联监听器等信息。

3.JobBuilder

用来定义或者创建 JobDetail 的实例，JobDetail 限定了只能是 Job 的实例。

4.JobStore

用来保存 Job 数据，实现类主要有 RAMJobStore，JobStoreTX，JobStoreCMT。

其中,JobStoreTX 和 JobStoreCMT 均将数据保存在数据库中,RAMJobStore 将数据保存在内存中,保存一些执行的信息。

5.Trigger

一个类,描述触发的 Job 执行时的时间触发规则。

主要有 SimpleTrigger 和 CronTrigger 两个子类。当仅触发一次或者以固定时间间隔周期执行时,使用 SimpleTrigger;CronTrigger 通过 cron 表达式,定义出各种复杂时间规则的调度方案,如每天早晨的固定时间执行,或周二周三的固定时间执行等需求。

6.TriggerBuilder

使用 builder 模式,用来定义或者创建触发器的实例。

7.ThreadPool

Timer 有且只有一个后台线程在执行,Quartz 的 schedule 下有 ThreadPool 整个线程池来运行,schedule 使用线程池作为任务运行的基础设施,任务通过共享线程池中的线程提高运行的效率,从而解决并发问题。

8.Scheduler

调度器,代表 Quartz 的一个独立运行容器,Trigger 和 JobDetail 可以注册到 Scheduler 中,两者在 Scheduler 中拥有各自的组及名称,组及名称是 Scheduler 查找定位容器中某一对象的依据。

9.Calendar

一个 Trigger 可以和多个 Calendar 关联,以排除或包含某些时间点。比如某个任务希望放假时间不执行。

10.监听器

有 JobListener、TriggerListener、SchedulerListener。分别对 Job、Trigger、Scheduler 的事件进行监听。

10.4.4   案例:使用Quartz每5秒备份一次数据

第一步 添加 quartz 依赖。

```
1  <dependency>
2      <groupId>org.springframework.boot</groupId>
3      <artifactId>spring-boot-starter-quartz</artifactId>
4  </dependency>
```

第二步 创建自定义任务类 TestJob,实现 Job 接口,重写 execute 方法。

```
1  public class TestJob implements Job {
2      @Override
3      public void execute(JobExecutionContext jobExecutionContext)
4  throws JobExecutionException {
5          String data = LocalDateTime.now()
6              .format(DateTimeFormatter.ofPattern("yyyy-MM-dd
```

```
7    HH:mm:ss"));
8        System.out.println("开始数据备份,当前时间是 :" + data);
9      }
10 }
```

第三步 编写任务调度测试类方法。

```
1  public static void main(String ...args) throws SchedulerException
2  {
3     // 获取任务调度的实例
4        Scheduler scheduler =
5  StdSchedulerFactory.getDefaultScheduler();
6        // 定义任务调度实例,并与TestJob绑定
7        JobDetail job = JobBuilder.newJob(TestJob.class)
8           .withIdentity("testJob", "testJobGroup")
9           .build();
10       // 定义触发器,会马上执行一次,接着5秒执行一次
11       Trigger trigger = TriggerBuilder.newTrigger()
12          .withIdentity("testTrigger", "testTriggerGroup")
13          .startNow()
14          .withSchedule(SimpleScheduleBuilder.repeatSecondlyForever(5)
15
16          .build();
17       // 使用触发器调度任务的执行
18       scheduler.scheduleJob(job, trigger);
19       // 开启任务
20       scheduler.start();
```

第四步 查看运行结果,如图10-17所示。

```
✔ Tests passed: 1 of 1 test – 866 ms
2022-12-28T10:45:28.286+08:00  INFO 121660 --- [                main]
开始数据备份,当前时间是 : 2022-12-28 10:45:28
2022-12-28T10:45:28.332+08:00  INFO 121660 --- [ionShutdownHook]
```

图 10-17   测试结果

Quartz的三个核心概念:
(1)调度器:负责定期定时定频率地去执行任务;
(2)任务:包括了业务逻辑;
(3)触发器:让东西生效的时间。

本章小结

本章主要讲解了Spring Boot任务管理的相关内容,包括异步任务,定时任务,邮件任务,以及Spring Boot整合quartz任务调度框架的使用。因篇幅限制,案例设计以精简为主,读者可以结合本章内容和项目源码自行学习和扩展。

> 好的代码像粥一样,都是用时间熬出来的。
>
> ——Java领路人

经典面试题

1.在开发Web应用时,常见的任务管理都有哪些?
2.Spring Boot有几种定时任务的实现方式?
3.Spring Boot中如何使用异步?
4.解释什么是SMTP协议?
5.列举Spring Boot发送邮件的几种方式。

上机练习

1.使用异步任务实现个人照片上传功能。
2.使用定时任务实现验证码过期功能。
3.使用邮件任务管理,实现找回密码功能。
4.使用邮件服务实现输入邮箱获取验证码功能。如图10-18所示。
提示:验证码使用session生成存储,设置生命周期1分钟。

图10-18　通过邮件获取验证码

5.使用Quartz实现24小时取消未支付订单功能。

第11章

高级应用扩展和JMeter压力测试

关于Spring Boot框架涉及实用内容较多,篇幅有限,不能够面面俱到。本章根据开发过程中常用技术和场景遴选了一些技术点和工具进行讲解,如Spring Boot整合Swagger3管理API、Spring Boot整合zxing生成使用二维码、前后端分离技术处理跨域请求、使用JMeter工具进行性能测试,以及推荐Intellij IDEA超级实用插件等内容。

本章要点(在学会的前面打钩)
☐ 熟练掌握配置Swagger3接口管理文档,并掌握测试方法
☐ 掌握Spring Boot使用zxing生成二维码功能
☐ 了解Spring Boot如何处理跨域请求
☐ 熟悉JMeter压力测试工具的使用
☐ 掌握IDEA常用实用插件的安装和使用

11.1 Spring Boot整合Swagger3

11.1.1 Swagger介绍

Swagger是一个规范且完整的框架,用于生成、描述、调用和可视化RESTful风格的 Web服务。

Swagger的目标是对REST API定义一个标准且和语言无关的接口,可以让人和计算机拥有无须访问源码、文档或网络流量监测就可以发现和理解服务的能力。当通过Swagger进行正确定义,用户可以理解远程服务并使用最少实现逻辑与远程服务进行交互。与为底层编程所实现的接口类似,Swagger消除了调用服务时可能会有的猜测。

Swagger的优势如下:

(1)支持API自动生成同步的在线文档:使用Swagger后可以直接通过代码生成文档,不再需要自己手动编写接口文档了,对程序员来说非常方便,可以节约写文档的时间去学习新技术。

（2）提供Web页面在线测试API：光有文档还不够，Swagger生成的文档还支持在线测试。参数和格式都定好了，直接在界面上输入参数对应的值即可在线测试接口。

在项目开发中，根据业务代码自动生成API文档，给前端提供在线测试，自动显示JSON格式，方便了后端与前端的沟通与调试成本。

专家提示

1.Swagger有一个缺点就是侵入性模式，必须配置在具体的代码里。

2.swagger2于2017年停止维护，现在最新的版本为2017年发布的Swagger3。

3.Spring Boot支持springfox Boot starter零配置、自动配置支持。

11.1.2 Spring Boot整合Swagger3

第一步 新建Spring Boot项目，在项目pom.xml文件中添加springfox-boot-starter依赖，参考代码如下：

```
1   <dependency>
2       <groupId>io.springfox</groupId>
3       <artifactId>springfox-boot-starter</artifactId>
4       <version>3.0.0</version>
5   </dependency>
```

第二步 新建，编写Swagger3Config的配置类，参考代码如下：

```
1   @EnableWebMvc
2   @Configuration
3   public class Swagger3Config {
4       @Bean
5       public Docket createRestApi() {
6           return new Docket(DocumentationType.OAS_30)
7                   .apiInfo(apiInfo())
8                   .select()
9                   .apis(RequestHandlerSelectors.basePackage("com.isoft.controller"))
10
11                  .paths(PathSelectors.any())
12                  .build();
13  }
14
15  //构建api文档的详细信息函数,注意这里的注解引用的是哪个
```

```
16      private ApiInfo apiInfo() {
17          String projectName = System.getProperty("user.dir");// 获取工程名称
18
19          return new ApiInfoBuilder()
20  .title(projectName.substring(projectName.lastIndexOf("\\") +
21  1) + " API接口文档")
22                  .contact(new Contact("融创软通", "http://www.91isoft.com",
23  "XXXXXX@qq.com"))
24                  .version("1.0")
25                  .description("生成 API接口文档")
26                  .build();
27      }
28  }
```

第三步　编写 TeacherService 服务类,参考代码如下:

```
1   @Service
2   public class TeacherService {
3       ArrayList list = new ArrayList();
4       public List<Teacher> list() {
5           Teacher teacher1 = new Teacher();
6           teacher1.setName("张老师");
7           teacher1.setAge(30);
8           teacher1.setTelphone("13512312341");
9           list.add(teacher1);
10          Teacher teacher2 = new Teacher();
11          teacher2.setName("李老师");
12          teacher2.setAge(40);
13          teacher2.setTelphone("18622812341");
14          list.add(teacher2);
15          return list;
16      }
17
18      public boolean removeById(String id) {
19          boolean remove = list.remove(id);
20          return remove;
21      }
22  }
```

第四步　编写 TeacherController 控制器类,参考代码如下:

```
1  @Api(value = "讲师信息管理",description = "讲师信息管理",tags = {"项目接
2  口测试List"})
2  @RestController
4  @RequestMapping("/admin/edu/teacher")
5  public class MyController {
6      @Autowired
7      private TeacherService teacherService;
8
9      @ApiOperation(value = "所有讲师列表")
10     @GetMapping
11     public List<Teacher> list() {
12         return teacherService.list();
13     }
14
15     @ApiOperation(value = "根据ID删除讲师")
16     @DeleteMapping("{id}")
17     public boolean removeById(
18             @ApiParam(name = "id", value = "讲师ID", required = true)
19             @PathVariable String id) {
20         return teacherService.removeById(id);
21     }
22 }
```

第五步　启动类添加@EnableOpenApi注解,参考代码如下:

```
1  @EnableOpenApi
2  @SpringBootApplication
3  public class DemoApplication {
4      public static void main(String[] args) {
5          SpringApplication.run(DemoApplication.class, args);
6      }
7  }
```

第六步　以上配置完成之后,直接启动项目,访问地址:localhost:8080/swagger-ui/index.html,可看到如图11-1所示的效果。

图 11-1　Spring Boot整合Swagger3生成文档

专家讲解

　　有了接口文档之后,当前后端分离开发的时候,只需要丢一个测试环境的文档地址过去给前端就可以了,直接看着文档进行参数对接,同时这个接口文档的调试功能也是非常不错的,有时候懒得写单元测试,直接写一个查询的方法获取数据,再调用请求接口进行调试也是非常方便的。

11.1.3　Swagger常用注解

　　如表11-1所示,Swagger通过注解的方式对接口进行描述,下面讲解一些常用生成接口文档的注解。

1.@Api标记

　　@Api用在类上,说明该类的作用。可以标记一个Controller类作为swagger文档资源,参考代码如下:

```
1    @Api(tags={"用户接口"})
2    @RestController
3    public class UserController {
4    }
```

表 11-1　Swagger常用注解说明

swagger2	OpenAPI 3	注解位置
@Api	@Tag(name = "接口类描述")	Controller 类上
@ApiOperation	@Operation(summary ="接口方法描述")	Controller 方法上
@ApiImplicitParams	@Parameters	Controller 方法上
@ApiImplicitParam	@Parameter(description="参数描述")	Controller 方法上 @Parameters 里
@ApiParam	@Parameter(description="参数描述")	Controller 方法的参数上
@ApiIgnore	@Parameter(hidden = true) 或 @Operation(hidden = true) 或 @Hidden	-
@ApiModel	@Schema	DTO类上
@ApiModelProperty	@Schema	DTO属性上

tags：接口说明，可以在页面中显示。可以配置多个，当配置多个的时候，在页面中会显示多个接口的信息。

2.@ApiModel

@ApiModel用在实体类上，表示对类进行说明，用于实体类中的参数接收说明，参考代码如下：

```
1  @ApiModel(value = "com.isoft.pojo.User", description = "新增用户参数")
2  public class User {
3  }
```

3.@ApiModelProperty

@ApiModelProperty用于实体类的字段上，表示对model属性的说明，参考代码如下：

```
1  @ApiModel(value = "com.isoft.pojo.User", description = "实体类")
2  public class User {
3      @ApiModelProperty(value = "ID")
4      String id;
5      @ApiModelProperty(value = "姓名")
6      String uname;
7      @ApiModelProperty(value = "性别")
8      String gender;
9  }
```

4.@ApiParam

@ApiParam用于Controller中方法的参数说明，参考代码如下：

```
1  @ApiOperation(value = "根据ID删除用户")
2  @DeleteMapping("{id}")
3  public boolean removeById(
4          @ApiParam(name = "id", value = "用户ID", required = true)
5          @PathVariable String id) {
6      return null;
7  }
```

5.@ApiOperation

@ApiOperation用在Controller里的方法上，说明方法的作用，每一个接口的定义，参考代码如下：

```
1  @ApiOperation(value="新增用户", notes="详细描述")
2  public User addUser(@ApiParam(value = "新增用户参数", required = true)
```

```
3    @RequestBody User user) {
4    }
```

6. @ApiResponse 和 @ApiResponses

@ApiResponse 用于方法上，说明接口响应的一些信息；

@ApiResponses 组装了多个 @ApiResponse。

```
1    @ApiResponses({ @ApiResponse(code = 200, message = "OK", response =
2    User.class) })
3    @PostMapping("/user")
4    public User addUser(@ApiParam(value = "新增用户参数", required = true)
5    @RequestBody User user) {
6    }
```

ApiImplicitParam 和 ApiImplicitParams 用于方法上，为单独的请求参数进行说明，参考代码如下：

```
1    @ApiResponses({ @ApiResponse(code = 200, message = "OK", response =
2    User.class) })
3    @PostMapping("/user")
4    public User addUser(@ApiParam(value = "新增用户参数", required = true)
5    @RequestBody User user) {
6    }
```

11.2　Spring Boot 整合 zxing 生成二维码

在 Web 项目开发中，经常会遇到要生成二维码的情况，比如要使用微信支付、网页登录功能等，下面教大家一个用 Spring Boot 生成二维码的例子，这里用到了 Google 的开源 zxing 工具类。

11.2.1　二维码简介

二维码又称为 QR Code，QR 全称是 Quick Response，是一个在移动设备上超流行的一种使用方式。二维码是用某种特定的几何图形按一定规律在平面(二维方向上)分布的黑白相间的图形记录数据符号信息的。

主要应用场景如下：

（1）信息获取（名片、地图、Wi-Fi密码、资料）；

（2）网站跳转（跳转到微博、手机网站、网站）；

（3）广告推送（扫码直接浏览商家推送的视频、音频广告）；

（4）手机电商（扫码手机直接购物下单）；

（5）防伪溯源（扫码即可查看生产地；同时后台可以获取最终消费地）；

（6）优惠促销（扫码下载电子优惠券，抽奖）；

（7）会员管理（扫码获取电子会员信息、VIP服务）；

（8）手机支付（扫描商品二维码，通过银行或第三方支付提供的手机端通道完成支付）；

（9）账号登录（扫描二维码进行各个网站或软件的登录）。

11.2.2　生成二维码

第一步　添加依赖引入 zxing 的 jar 包，参考代码如下：

```
1   <!--二维码生成架包引用-->
2   <dependency>
3       <groupId>com.google.zxing</groupId>
4       <artifactId>core</artifactId>
5       <version>3.4.1</version>
6   </dependency>
7   <dependency>
8       <groupId>com.google.zxing</groupId>
9       <artifactId>javase</artifactId>
10      <version>3.4.1</version>
11  </dependency>
```

第二步　编写二维码工具类 QRCodeUtil.java，本工具类包含了生成二维码、保存二维码、展示二维码、解析二维码方法，参考代码如下：

提示：本工具类不需要手动编写，网上查阅资料复制即可。

```
1   public class QRCodeUtil {
2       //编码格式,采用utf-8
3       private static final String UNICODE = "utf-8";
4       //图片格式
5       private static final String FORMAT = "JPG";
6       //二维码宽度像素pixels数量
7       private static final int QRCODE_WIDTH = 300;
8       //二维码高度像素pixels数量
```

```
9      private static final int QRCODE_HEIGHT = 300;
10     //LOGO宽度像素pixels数量
11     private static final int LOGO_WIDTH = 100;
12     //LOGO高度像素pixels数量
13     private static final int LOGO_HEIGHT = 100;
14
15     //生成二维码图片
16     //content 二维码内容
17     //logoPath logo图片地址
18     private static BufferedImage createImage(String content, String
19  logoPath) throws Exception {
20         Hashtable<EncodeHintType, Object> hints = new
21  Hashtable<EncodeHintType, Object>();
22         hints.put(EncodeHintType.ERROR_CORRECTION,
23  ErrorCorrectionLevel.H);
24         hints.put(EncodeHintType.CHARACTER_SET, UNICODE);
25         hints.put(EncodeHintType.MARGIN, 1);
26         BitMatrix bitMatrix = new MultiFormatWriter().encode(content,
27  BarcodeFormat.QR_CODE, QRCODE_WIDTH, QRCODE_HEIGHT,
28                   hints);
29         int width = bitMatrix.getWidth();
30         int height = bitMatrix.getHeight();
31         BufferedImage image = new BufferedImage(width, height,
32  BufferedImage.TYPE_INT_RGB);
33         for (int x = 0; x < width; x++) {
34             for (int y = 0; y < height; y++) {
35                 image.setRGB(x, y, bitMatrix.get(x, y) ? 0xFF000000 :
36  0xFFFFFFFF);
37             }
38         }
39         if (logoPath == null || "".equals(logoPath)) {
40             return image;
41         }
42         // 插入图片
43         QRCodeUtil.insertImage(image, logoPath);
44         return image;
45     }
46
```

```
47      //在图片上插入LOGO
48      //source 二维码图片内容
49      //logoPath LOGO图片地址
50      private static void insertImage(BufferedImage source, String logoPath)
51 throws Exception {
52          File file = new File(logoPath);
53          if (!file.exists()) {
54              throw new Exception("logo file not found.");
55          }
56          Image src = ImageIO.read(new File(logoPath));
57          int width = src.getWidth(null);
58          int height = src.getHeight(null);
59          if (width > LOGO_WIDTH) {
60              width = LOGO_WIDTH;
61          }
62          if (height > LOGO_HEIGHT) {
63              height = LOGO_HEIGHT;
64          }
65          Image image = src.getScaledInstance(width, height,
66 Image.SCALE_SMOOTH);
67          BufferedImage tag = new BufferedImage(width, height,
68 BufferedImage.TYPE_INT_RGB);
69          Graphics g = tag.getGraphics();
70          g.drawImage(image, 0, 0, null); // 绘制缩小后的图
71          g.dispose();
72          src = image;
73          // 插入LOGO
74          Graphics2D graph = source.createGraphics();
75          int x = (QRCODE_WIDTH - width) / 2;
76          int y = (QRCODE_HEIGHT - height) / 2;
77          graph.drawImage(src, x, y, width, height, null);
78          Shape shape = new RoundRectangle2D.Float(x, y, width, width, 6, 6);
79          graph.setStroke(new BasicStroke(3f));
80          graph.draw(shape);
81          graph.dispose();
82      }
83
84      //生成带logo的二维码图片,保存到指定的路径
```

```
85      // content 二维码内容
86      // logoPath logo 图片地址
87      // destPath 生成图片的存储路径
88      public static String save(String content, String logoPath, String
89  destPath) throws Exception {
90          BufferedImage image = QRCodeUtil.createImage(content, logoPath);
91          File file = new File(destPath);
92          String path = file.getAbsolutePath();
93          File filePath = new File(path);
94          if (!filePath.exists() && !filePath.isDirectory()) {
95              filePath.mkdirs();
96          }
97          String fileName = file.getName();
98          fileName = fileName.substring(0,
99  fileName.indexOf(".")>0?fileName.indexOf("."):fileName.length())
100             + "." + FORMAT.toLowerCase();
101         System.out.println("destPath:"+destPath);
102         ImageIO.write(image, FORMAT, new File(destPath));
103         return fileName;
104  }
105
106  //生成二维码图片,直接输出到 OutputStream
107  public static void encode(String content, String logoPath, OutputStre
108  am output)
109          throws Exception {
110         BufferedImage image = QRCodeUtil.createImage(content, logoPath);
111         ImageIO.write(image, FORMAT, output);
112  }
113
114  //解析二维码图片,得到包含的内容
115  public static String decode(String path) throws Exception {
116         File file = new File(path);
117         BufferedImage image = ImageIO.read(file);
118         if (image == null) {
119             return null;
120         }
121         BufferedImageLuminanceSource source = new
122  BufferedImageLuminanceSource(image);
```

```
123        BinaryBitmap bitmap = new BinaryBitmap(new
124  HybridBinarizer(source));
125        Result result;
126        Hashtable<DecodeHintType, Object> hints = new
127  Hashtable<DecodeHintType, Object>();
128        hints.put(DecodeHintType.CHARACTER_SET, UNICODE);
129        result = new MultiFormatReader().decode(bitmap, hints);
130        return result.getText();
131    }
132  }
```

第三步 编写控制层代码 QrCodeController.java，参考代码如下：

```
1   @RequestMapping("/home")
2   @RestController
3   public class QrCodeController {
4       //生成带 logo 的二维码到 response
5       @RequestMapping("/qrcode")
6       public void qrcode(HttpServletRequest request, HttpServletResponse
7   response) {
8           String requestUrl = "http://www.baidu.com";
9           try {
10              OutputStream os = response.getOutputStream();
11              QRCodeUtil.encode(requestUrl, "D:/file/logo.jpg", os);
12          } catch (Exception e) {
13              e.printStackTrace();
14          }
15      }
16
17      //生成不带 logo 的二维码到 response
18      @RequestMapping("/qrnologo")
19      public void qrnologo(HttpServletRequest request, HttpServletResponse
20  response) {
21          String requestUrl = "http://www.baidu.com";
22          try {
23              OutputStream os = response.getOutputStream();
24              QRCodeUtil.encode(requestUrl, null, os);
25          } catch (Exception e) {
```

```
26              e.printStackTrace();
27          }
28      }
29
30      //把二维码保存成文件
31      @RequestMapping("/qrsave")
32      @ResponseBody
33      public String qrsave() {
34          String requestUrl = "http://www.baidu.com";
35          try {
36              QRCodeUtil.save(requestUrl, "D:/file/logo.jpg",
37  "D:/file/qrcode.jpg");
38          } catch (Exception e) {
39              e.printStackTrace();
40          }
41          return "文件已保存";
42      }
43
44      //解析二维码中的文字
45      @RequestMapping("/qrtext")
46      @ResponseBody
47      public String qrtext() {
48          String url = "";
49          try {
50              url = QRCodeUtil.decode("d:/file/qrcode.jpg");
51          } catch (Exception e) {
52              e.printStackTrace();
53          }
54          return "解析到的url:"+url;
55      }
56}
```

11.2.3 运行并查看

(1)生成不带 logo 的二维码,访问:http://127.0.0.1:8080/home/qrnologo,如图 11-2 所示。

(2)生成带 logo 的二维码:访问 http://127.0.0.1:8080/home/qrcode,如图 11-3 所示。

图 11-2   不带 logo 的二维码   图 11-3   带 logo 的二维码

（3）访问:http://127.0.0.1:8080/home/qrsave

生成二维码图片,被保存在:d:/file/qrcode.jpg。

（4）访问:http://127.0.0.1:8080/home/qrtext

解析到的 url:http://www.baidu.com,成功解析到了图片中包含的 url 地址。

11.3   Spring Boot 处理跨域请求

11.3.1   CORS 是什么

CORS 全称为 Cross Origin Resource Sharing(跨域资源共享),每一个页面需要返回一个名为 Access-Control-Allow-Origin 的 HTTP 头来允许外域的站点访问,你可以仅仅暴露有限的资源和有限的外域站点访问。

我们可以理解为:如果一个请求需要允许跨域访问,则需要在 HTTP 头中设置 Access-Control-Allow-Origin 来决定需要允许哪些站点来访问。如假设需要允许 https://www.baidu.com 这个站点的请求跨域,则可以设置:Access-Control-Allow-Origin:https://www.baidu.com。

11.3.2   解决跨域访问的三种方法

方案一:使用@CrossOrigin 注解。

在 Controller 上使用@CrossOrigin 注解,该类下的所有接口都可以通过跨域访问,参考代码如下:

```
1    @RequestMapping("/demo")
2    @RestController
3    //@CrossOrigin //所有域名均可访问该类下所有接口
4    @CrossOrigin("https://www.baidu.com") // 只有指定域名可以访问该类下所有接口
5    public class CorsTestController {
6        @GetMapping("/sayHello")
7        public String sayHello() {
```

```
8            return "hello world!";
9        }
10 }
```

方案二：CORS 全局配置-实现 WebMvcConfigurer。

新建跨域配置类 CorsConfig.java，参考代码如下：

```
1   @Configuration
2   public class CorsConfig implements WebMvcConfigurer {
3       @Bean
4     public WebMvcConfigurer corsConfigurer() {
5           return new WebMvcConfigurer() {
6               @Override
7               public void addCorsMappings(CorsRegistry registry) {
8                   registry.addMapping("/**")
9                       .allowedOrigins("https://www.baidu.com")
10                      //允许跨域的域名,可以用*表示允许任何域名使用
11                      .allowedMethods("*") //允许任何方法(post、get等)
12                      .allowedHeaders("*") //允许任何请求头
13                      .allowCredentials(true) //带上 cookie 信息
14                      .exposedHeaders(HttpHeaders.SET_COOKIE).maxAge(3600L);
15 //maxAge(3600)表明在 3600 秒内,不需要再发送预检验请求,可以缓存该结果
16              }
17          };
18      }
19 }
```

方案三：使用拦截器实现。

通过实现 Fiter 接口在请求中添加一些 Header 来解决跨域的问题，参考代码如下：

```
1   @Component
2   public class CorsFilter implements Filter {
3       @Override
4       public void doFilter(ServletRequest request, ServletResponse response,
5   FilterChain chain) throws IOException, ServletException {
6           HttpServletResponse res = (HttpServletResponse) response;
7           res.addHeader("Access-Control-Allow-Credentials", "true");
8           res.addHeader("Access-Control-Allow-Origin", "*");
```

```
9           res.addHeader("Access-Control-Allow-Methods", "GET, POST, DELETE, PUT");
10          res.addHeader("Access-Control-Allow-Headers",
11  "Content-Type,X-CAF-Authorization-Token,sessionToken,X-TOKEN");
12          if (((HttpServletRequest)
13  request).getMethod().equals("OPTIONS")) {
14              response.getWriter().println("ok");
15              return;
16          }
17          chain.doFilter(request, response);
18      }
19  }
```

11.4　JMeter压力测试

11.4.1　接口管理现状和存在问题

1.接口管理现状

现在的Web项目开发过程中,对接口管理的常用解决方案主要有如下几点:

(1)使用Swagger管理API文档;

(2)使用Postman|Apifox|Apipost工具调试API;

(3)使用mockjs等工具模拟Mock API数据;

(4)使用JMeter工具做API自动化测试(性能测试或压力测试)。

2.接口管理存在的问题

维护不同工具之间数据一致性非常困难、低效。并且这里不仅仅是工作量的问题,更大的问题是多个系统之间数据不一致,导致协作低效、频繁出问题,开发测试人员痛苦不堪。比如:

(1)开发人员在Swagger定义好文档后,接口调试的时候,还需要去Postman再定义测试一遍。

(2)前端开发Mock数据时,又要去mockjs定义一遍,还需要手动设置Mock规则。

(3)测试人员需要去JMeter再定义一遍。

(4)当前端根据mockjs Mock出来的数据开发完,后端根据Swagger定义的接口文档开发完,各自都试测试通过了,本以为可以马上上线,结果一对接发现各种问题。

(5)同样,测试在JMeter写好的测试用例,真正运行的时候也会发现各种不一致。

(6)时间久了,各种不一致会越来越严重。

11.4.2 JMeter下载与安装

1.JMeter介绍

Apache JMeter是Apache组织基于Java开发的压力测试工具,主要用来做功能测试和性能测试(压力测试/负载测试)。而且JMeter来测试Restful API非常好用。

2.下载安装

登录JMeter官网下载,得到压缩包apache-jmeter-5.4.3.zip,下载地址为:http://jmeter.apache.org/download_jmeter.cgi,如图11-4所示。

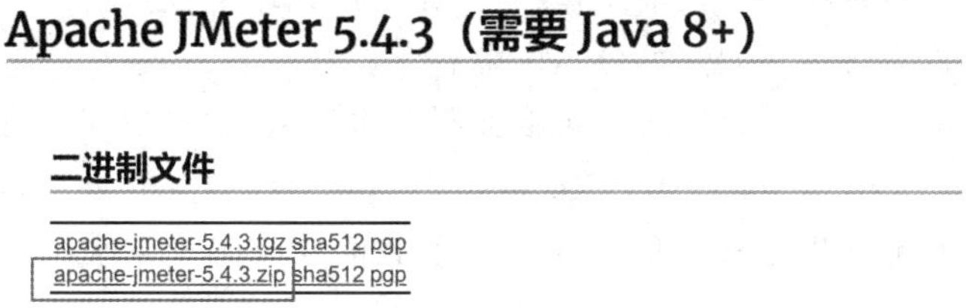

Apache JMeter 5.4.3（需要Java 8+）

二进制文件

apache-jmeter-5.4.3.tgz sha512 pgp
apache-jmeter-5.4.3.zip sha512 pgp

图11-4 JMeter下载位置

将下载得到的压缩包解压即可,解压到非中文的路径,如D:\apache-jmeter-5.4.3。

3.运行

点击bin目录下的jmeter.bat即可启动JMeter。JMeter是支持中文的,启动JMeter后,点击Options -> Choose Language来选择Chinese,可以设置临时中文界面,重启软件后又变为英文环境了。再然后点击选项->外观->Windows变换外观风格。如图11-5所示。

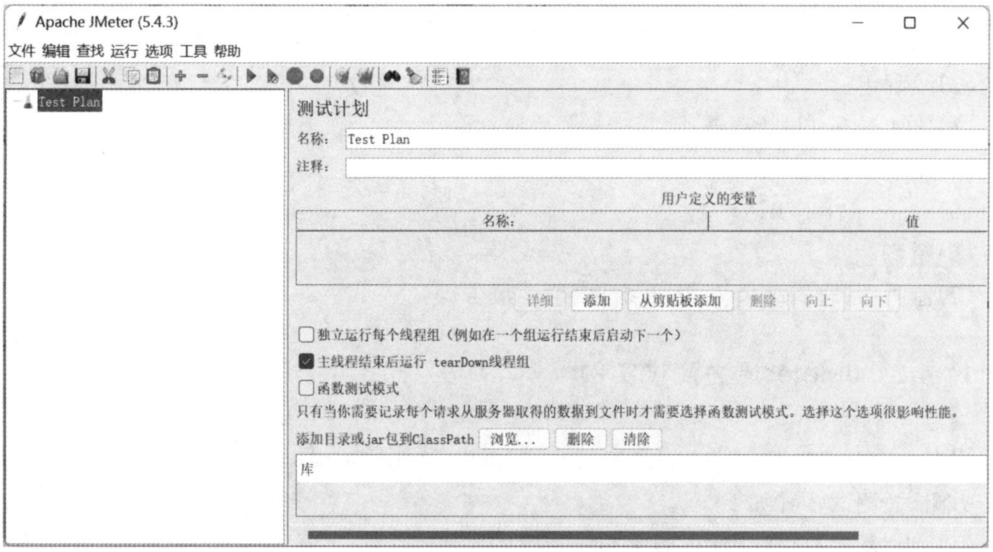

图11-5 JMeter启动后的中文界面

永久中文设置:进入apache-jmeter-5.4.3\bin目录,找到"jmeter.properties"文件,在文件里添加"language=zh_CN",保存之后再打开jmeter就永久变为中文环境了。

#Preferred GUI language. Comment out to use the JVM default locale's language
language=zh_CN

4.Jmeter主要元件介绍

(1)测试计划:是使用JMeter进行测试的起点,它是其他JMeter测试元件的容器;

(2)线程组:代表一定数量的用户,它可以用来模拟用户并发发送请求。实际的请求内容在Sampler中定义,它被线程组包含;

(3)配置元件:维护Sampler需要的配置信息,并根据实际的需要修改请求的内容;

(4)前置处理器:负责在请求之前工作,常用来修改请求的设置;

(5)定时器:负责定义请求之间的延迟间隔;

(6)取样器(Sampler):是性能测试中向服务器发送请求,记录响应信息、响应时间的最小单元,如:HTTP Request Sampler、FTP Request Sample、TCP Request Sample、JDBC Request Sampler等,每一种不同类型的Sampler可以根据设置的参数向服务器发出不同类型的请求;

(7)后置处理器:负责在请求之后工作,常用获取返回的值;

(8)断言:用来判断请求响应的结果是否如用户所期望的;

(9)监听器:负责收集测试结果,同时确定结果显示的方式;

(10)逻辑控制器:可以自定义JMeter发送请求的行为逻辑,它与Sampler结合使用可以模拟复杂的请求序列。

5.元件执行顺序

配置元件->前置处理器->定时器->取样器->后置处理程序->断言->监听器。

6.使用Jmeter进行接口测试的基本步骤如下

(1)测试计划;

(2)线程组;

(3)HTTP Cookie管理器;

(4)Http请求默认值;

(5)Sampler(HTTP请求);

(6)断言;

(7)监听器(查看结果树、图形结果、聚合报告等)。

11.4.3　JMeter压力测试实例

现有一个HTTP请求接口 http://localhost:8080/user/findAllUserByPage,使用JMeter对其进行压力测试,测试步骤如下:

第一步　新建一个线程组,如图11-6所示。

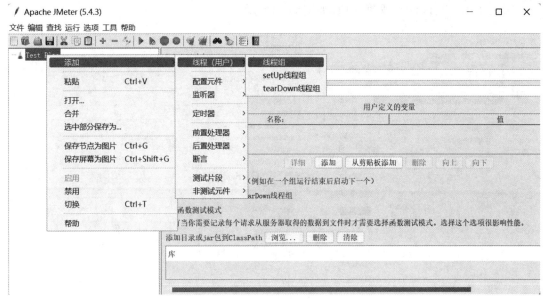

图11-6　新建线程组

元件描述：一个线程组可以看作一个虚拟用户组，线程组中的每个线程都可以理解为一个虚拟用户。如图11-7所示。

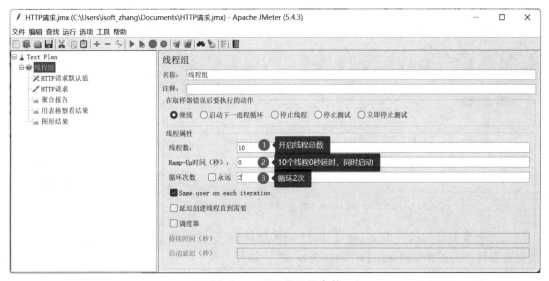

图11-7　配置线程组参数

（1）线程数：即虚拟用户数。设置多少个线程数也就是设置多少虚拟用户数。

（2）Ramp-Up时间（秒）：设置虚拟用户数全部启动的时长。如果线程数为20，准备时长为10秒，那么需要10秒钟启动20个线程。也就是平均每秒启动2个线程。

（3）循环次数：每个线程发送请求的个数。如果线程数为20，循环次数为10，那么每个线程发送10次请求。总请求数为20×10=200。如果勾选了"永远"，那么所有线程会一直发送请求，直到手动点击工具栏上的停止按钮，或者设置的线程时间结束。

第三步 新增HTTP请求默认值,如图11-8所示。

图11-8 新增HTTP请求默认值

元件描述:HTTP请求默认值是为了方便填写后续内容而设置。主要填写[服务器名称或IP]和[端口号],后续的HTTP请求中就不用每次都填写IP地址和端口号了,如图11-9所示。

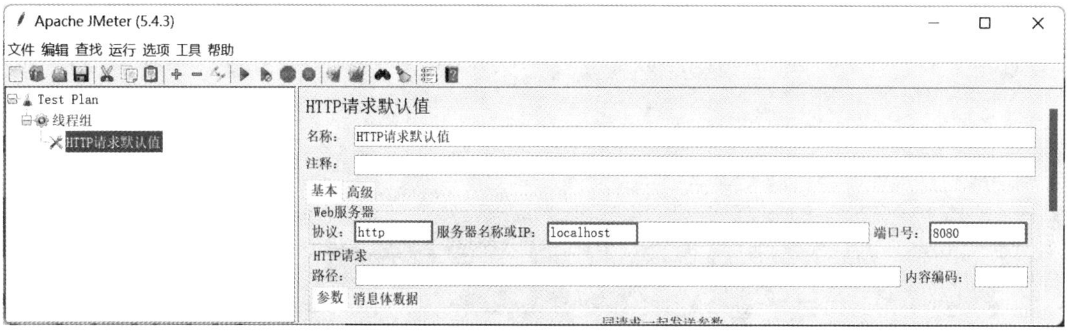

图11-9 配置HTTP请求默认值

在上一步创建的线程组上,新增HTTP请求默认值,所有的请求都会使用设置的默认值,这设置协议为http,IP为localhost,端口为8080。

第四步 添加要进行压力测试的HTTP请求,图11-10所示。

图11-10 添加进行压力测试的HTTP请求

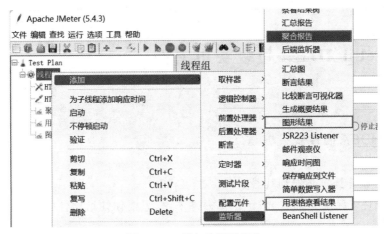

元件描述:HTTP请求包括接口请求方法、请求路径和请求参数等。

图11-11的第一个框中的协议、IP、端口不需要设置,会使用第三步中设置的默认值,只需设置请求路径Path即可,这里填入/user/findAllUserByPage。

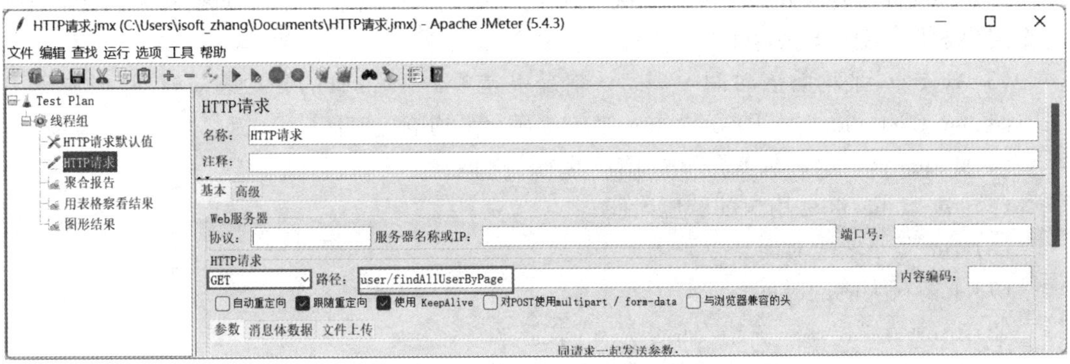

图11-11　配置HTTP请求

第五步　新增监听器,用于查看压测结果,如图11-12所示。

元件描述:树状形式显示接口的访问结果,包括请求结果、请求内容、服务器的响应内容。

图11-12　添加监听器报告

这里添加三种报告:聚合报告、图形结果、用表格查看结果,区别在于结果展现形式不同。

第六步　点击运行按钮开始压测,并查看结果,图11-13所示。

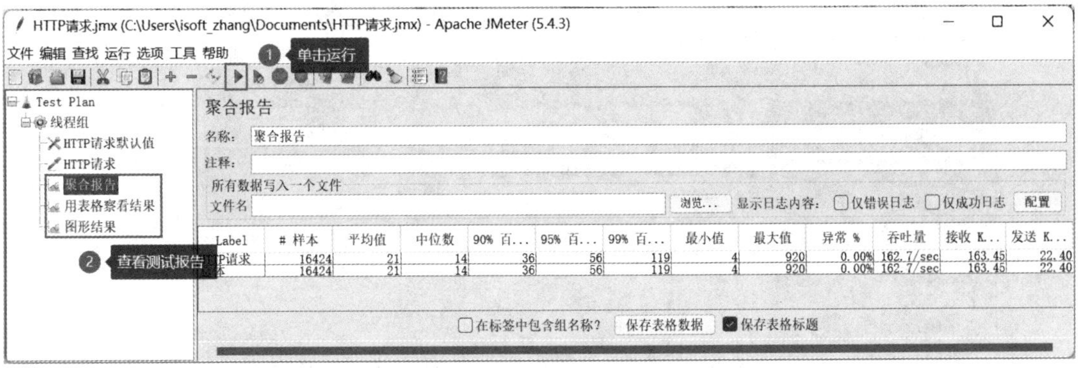

图11-13　测试运行查看报告

聚合报告的各参数详解如下：

（1）Label：每个 JMeter 的 element（例如 HTTP Request）都有一个 Name 属性，这里显示的就是 Name 属性的值；

（2）#Samples：请求数——表示这次测试中一共发出了多少个请求，如果模拟 10 个用户，每个用户迭代 10 次，那么这里显示 100；

（3）Average：平均响应时间——默认情况下是单个 Request 的平均响应时间，当使用了 Transaction Controller 时，以 Transaction 为单位显示平均响应时间；

（4）Median：中位数，也就是 50% 用户的响应时间；

（5）90% Line：90% 用户的响应时间；

（6）Min：最小响应时间；

（7）Max：最大响应时间；

（8）Error%：错误率——错误请求数/请求总数；

（9）Throughput：吞吐量——默认情况下表示每秒完成的请求数（Request per Second），当使用了 Transaction Controller 时，也可以表示类似 LoadRunner 的 Transaction per Second 数；

（10）KB/Sec：每秒从服务器端接收到的数据量，相当于 LoadRunner 中的 Throughput/Sec。

一般而言，性能测试中我们标准为加粗黑体的参数是需要重点关注的数据。

11.5　Intellij IDEA 超级实用插件

11.5.1　IDEA 插件安装方法

古人云：工欲善其事必先利其器。

IDEA 的插件安装非常简单，对于很多插件来说，只要你知道插件的名字就可以在 IDEA 里面直接安装。

如：File->Settings->Plugins—>查找所需插件（Marketplace）—>Install，安装之后重启 IDEA 即可生效。如图 11-14 所示。

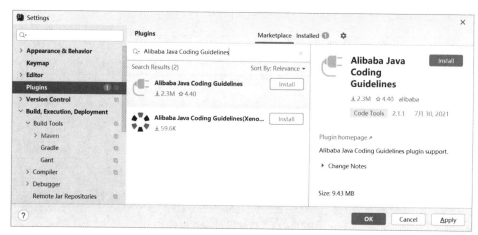

图 11-14　IDEA 安装插件方法

11.5.2 8款神级系列插件推荐

1.Material Theme UI(IDEA 主题插件)

Material Theme UI 是 JetBrains IDE(IntelliJ IDEA, WebStorm, Android Studio 等)的插件,可将原始外观更改为 Material Design 外观。

该插件最初受 Sublime Text 的 Material Theme 启发,提供了一系列的设置,可按所需方式调整 IDE。除了令人印象深刻的主题调色板外,它还提供:

漂亮的配色方案支持绝大多数语言,用彩色的"材料设计"图标替换所有图标自定义大多数 IDE 的控件和组件。如图 11-15 所示。

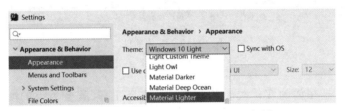

图 11-15 更换 Material Theme UI 主题

2.Alibaba Java Coding Guidelines(阿里巴巴编码规约插件)

一款代码规范扫描工具。

该插件已支持了 IDEA、Eclipse,在扫描代码后,能将不符合规约的代码显示出来,甚至在 IDEA 上,还基于 Inspection 机制提供了实时检测功能,编写代码的同时也能快速发现问题所在,还实现了批量一键修复的功能。如图 11-16 所示。

有三种方式可以确定是否安装成功与否:

(1)工具栏显示:点击该处扫描检查→当前文件。

(2)Tools→阿里编码规约→点击该处扫描检查→当前文件。

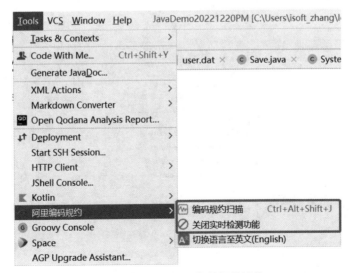

图 11-16 阿里巴巴编码规约插件

(3)工程根目录:点击右键→点击该处扫描检查→当前工程所有文件。

3.Chinese(Simplified) Language Pack(中文汉化)

一款汉化语言包,idea展示的全是英文,对于英语不好的开发者很不友好,安装这款插件可实行汉化,如图11-17所示。

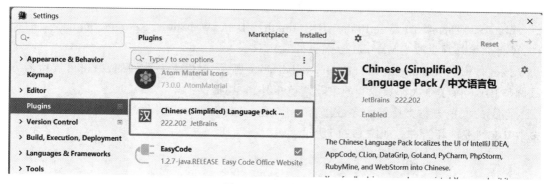

图 11-17　汉化插件

4.Lombok

简单地说,就是在你的实体类上添加@Data这个注解,就会为类的所有属性自动生成setter/getter、equals、canEqual、hashCode、toString方法等。

5.EasyCode

EasyCode,可以让你搭建项目节省50%以上的时间。

它可以直接对数据表生成对应的entity,controller,service,dao,mapper等,无需任何编码,简单而强大。

6.Maven Helper

Java后端开发必备插件,该插件让你拥有依赖分析和快速解决依赖冲突的能力。可用来方便显示Maven的依赖树,在没有此插件时,如果想看Maven的依赖树需要输入命令行:mvn dependency:tree。如果想看是否有依赖包冲突的话也需要输入命令行等等的操作;而如果安装Maven Helper插件就可免去命令行困扰,通过界面即可操作完成。如图11-18所示。

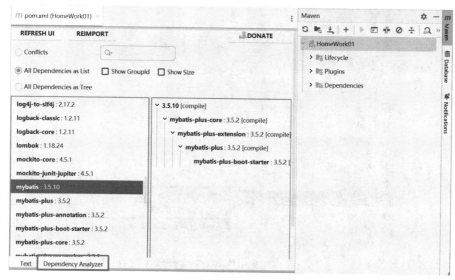

图 11-18　Maven依赖分析

7.MybatisX 快速开发插件

MybatisX 是一款基于 IDEA 的快速开发插件,方便在使用 mybatis 以及 mybatis-plus 开始时简化繁琐的重复操作,提高开发速率。

本章小结

本章内容不难,但都是比较实用的技术和工具,如 Spring Boot 如何整合 Swagger3 管理 API,Spring Boot 整合 zxing 生成使用二维码技术,如何处理跨域请求,JMeter 压力测试工具的使用,以及 Intellij IDEA 超级实用插件推荐等内容。

> 编程是一门手艺,更是一门艺术。
>
> ——Java 领路人

经典面试题

1.什么是 Swagger? 有何用途?

2.如何生成二维码? 二维码都有什么用途?

3.为什么要处理跨域请求?

4.列举接口管理工具有哪些?

5.你都用过哪些实用插件?

上机试题

1.使用 Spring Boot 整合 Swagger3 管理 API,并使用 Apifox 接口测试工具进行测试。

2.使用 Spring Boot 生成商品信息带 Logo 的二维码。

3.使用 Spring Boot 实现项目的 CORS 跨域请求。

4.使用前后端分离技术实现评论点赞功能,使用 Apifox 对所用的接口进行管理和使用 JMeter 进行压力测试,如图 11-19 所示。

图 11-19　评论点赞功能

第12章

项目实战——航班信息管理系统

结合前面所学的知识，开发一个前端 Vue.js+Element-UI，后端使用 Spring Boot+MyBatis 前后端分离技术的综合项目——航班信息管理系统，希望读者通过本项目实战内容，深刻体会使用 Spring Boot 框架开发 Web 应用的便捷之处。

为了帮助初学者更好地学习本章的内容，我们提供了整个项目的配套源代码，希望大家学有所获。

本章节因篇幅有限，仅提供后端部分的详解。前端部分请读者下载源码自行学习。

本章要点(在学会的前面打钩)
- 理解什么是前后端分离技术
- 掌握数据库设计方法和关系的建立
- 掌握如何创建项目的三层结构
- 掌握对 MySQL 数据库的 CURD(增删改查)操作
- 掌握如何解决跨域访问问题
- 掌握大前端开发的环境安装和配置
- 掌握前端开发的运行和调试

12.1 项目概述

本项目(航班信息管理系统)是一个简单的模拟项目，主要用于初学者学习使用，对功能模块进行了大量的删减，保留了最基本的 CURD(增删改查)功能。项目采用了前后端分离的开发模式，前端使用 Vue-CLI 脚手架创建项目，使用 Vue.js+ElementUI 技术实现，后端使用 Spring Boot+MyBatis 技术实现，并支持跨域访问。数据请求采用 Axios ajax 实现接口访问。

前后端分离技术如图12-1所示。

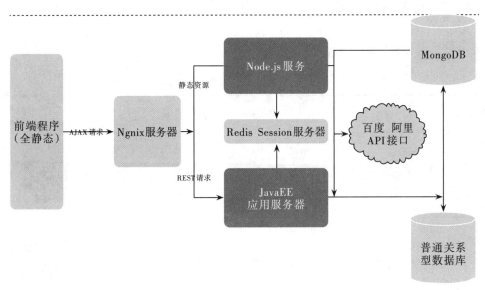

图12-1 前后端分离技术理解

12.1.1 本项目开发技术选型

本项目主要采用以下技术实现,如图12-2所示。

图12-2 系统采用技术栈

12.1.2 涉及开发工具

本项目采用开发工具有如表12-1所示。

表 12-1 系统开发采用开发工具

序号	工具	名称	Logo
1	前端开发工具	WebStrom 2021.3.2	
2	后端开发工具	Intellij IDEA 2021.3.2	
3	数据库管理工具	Navicat for MySQL 15	
4	数据库设计工具	PowerDesigner 16.5	
5	页面调试工具	Google Chrome	
6	数据库	MySQL8.0	
7	性能测试工具	JMeter	
8	接口测试工具	Apifox	

12.1.3 项目功能模块

本项目包含项目功能模块如图12-3所示。

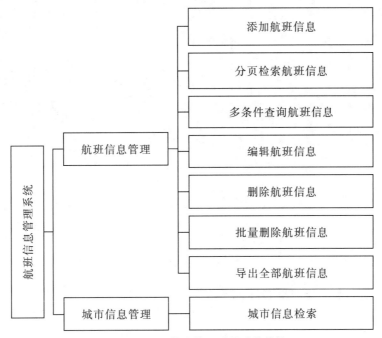

图12-3 航班信息管理系统功能模块

12.1.4 项目功能界面展示(部分选取)

(1)航班信息管理功能如图12-4所示。

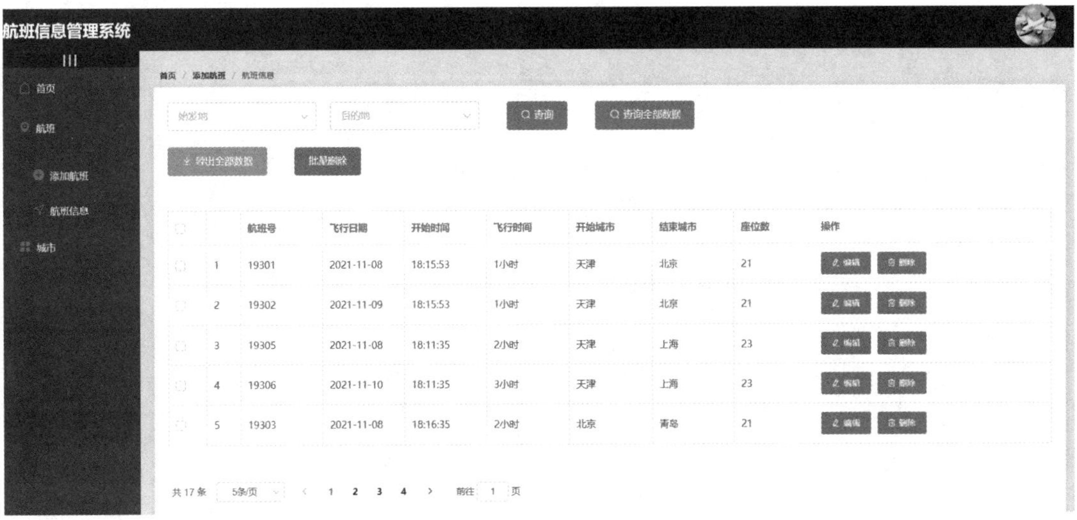

图12-4 航班信息管理功能

（2）添加航班信息功能如图 12-5 所示。

图 12-5　添加航班信息

（3）修改航班信息功能如果 12-6 所示。

图 12-6　修改航班信息功能

（4）导出航班信息功能如图 12-7 所示。

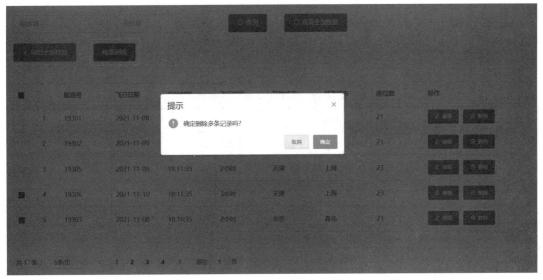

	A	B	C	D	E	F	G
1	航班号	飞行日期	开始时间	飞行时间	开始城市	结束城市	座位数
2	19301	2021-11-08	18:15:53	1小时	天津	北京	21
3	19302	2021-11-09	18:15:53	1小时	天津	北京	21
4	19305	2021-11-08	18:11:35	2小时	天津	上海	23
5	19306	2021-11-10	18:11:35	3小时	天津	上海	23
6	19303	2021-11-08	18:16:35	2小时	北京	青岛	21
7	19304	2021-11-08	18:14:35	3小时	北京	黄山	21
8	19305	2021-11-09	18:12:35	3小时	北京	黄山	23
9	19307	2021-11-10	17:11:35	3小时	北京	深圳	24
10	19308	2021-11-10	18:18:18	2小时	北京	天津	1
11	19309	2021-11-09	18:18:18	1小时	北京	天津	18
12	19310	2021-11-10	18:18:18	4小时	上海	天津	18
13	19312	2021-11-11	18:19:18	2小时	上海	天津	18
14	19313	2021-11-23	18:19:18	1小时	青岛	天津	18
15	19314	2021-11-19	18:19:18	1小时	兰州	天津	18
16	19317	2021-11-19	18:17:18	1小时	兰州	上海	18
17	19318	2021-11-08	18:17:18	2小时	兰州	上海	18
18	19311	2021-11-23	18:19:18	2小时	黄山	天津	18

图 12-7　导出航班信息 Excel 文件

（5）批量删除航班信息功能如图 12-8 所示。

图 12-8　批量删除航班信息

12.2 航班信息查询系统项目开发

12.2.1 数据库设计阶段——数据库工程师任务

1.数据库建模

根据表 12-2,表 12-3 信息,使用 PowerDesigner 16.5 创建数据库概念模型,如图 12-9 所示。

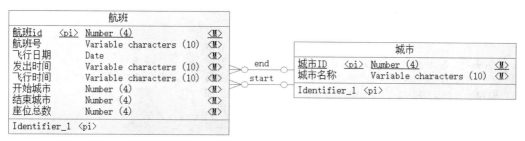

图 12-9 数据库表概念模型

> **专家提示**
>
> 可以在 PowerDesigner 中将上述模型转化为物理模型,并生成数据库脚本文件,不需要单独建库建表,本部分内容需读者自行学习。
>
> 数据库设计原则,1:1,1:N 靠外键建立关系,M:N 靠关系表建立关系。

2.使用 Navicat 工具创建数据库

(1)MySQL 8.0 数据库下创建 flightdb 数据库,编码设为 utf-8。

(2)新建航班信息表 fightinfo 和城市信息表 cityinfo,数据字典如表 12-2 和表 12-3 所示。

表 12-2 flightinfo 表数据字典

序号	字段名	类型	约束	描述
1	flightid	int(4)	主键	航班 id 序列增长
2	flightnum	varchar(10)	非空	航班号
3	flydate	date	非空	飞行日期
4	starttime	varchar(10)	非空	发出时间(例:8:00)
5	flytime	varchar(10)	非空	飞行时间(例:2天)
6	startcity	int(4)	外键	始发地
7	endcity	int(4)	外键	目的地
8	seatnum	int(4)	非空	座位总数

表 12-3　cityinfo 表数据字典

序号	字段名	类型	约束	描述
1	cityid	int (2)	主键	城市 id
2	cityname	varchar (10)	非空	城市名称

(3)建完表后需建立表之间的外键约束,如表 12-4 所示。

表 12-4　表之间的关系

栏位	索引	外键	触发器	选项	注释	SQL预览			

名	栏位	参考数据库	参考表	参考栏位	删除时	更新时
fk_end	endcity	flightinfo	cityinfo	cityid	CASCADE	CASCADE
fk_start	startcity	flightinfo	cityinfo	cityid	CASCADE	CASCADE

提示:自行添加表数据

12.2.2　后端开发阶段——Java 开发工程师任务

1.创建 Spring Boot 项目

开发完成后的项目代码结构图,也可以使用 EasyCode 插件快速生成,如图 12-10 所示。

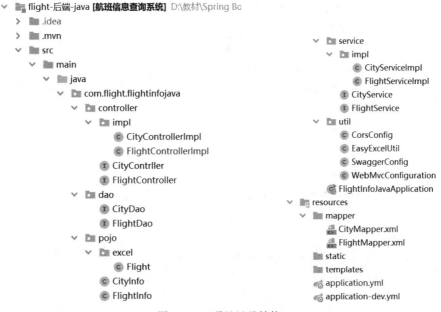

图 12-10　项目目录结构

2.添加必要依赖

项目中的 Pom.xml 文件添加的必要依赖如下所示:

```
1  <dependencies>
2      <dependency>
```

```
3          <groupId>org.springframework.boot</groupId>
4          <artifactId>spring-boot-starter-web</artifactId>
5      </dependency>
6      <dependency>
7          <groupId>org.mybatis.spring.boot</groupId>
8          <artifactId>mybatis-spring-boot-starter</artifactId>
9          <version>2.2.0</version>
10     </dependency>
11     <dependency>
12         <groupId>mysql</groupId>
13         <artifactId>mysql-connector-java</artifactId>
14         <scope>runtime</scope>
15     </dependency>
16     <dependency>
17         <groupId>org.springframework.boot</groupId>
18         <artifactId>spring-boot-starter-test</artifactId>
19         <scope>test</scope>
20     </dependency>
21     <dependency>
22         <groupId>com.alibaba</groupId>
23         <artifactId>fastjson</artifactId>
24         <version>1.2.68</version>
25     </dependency>
26     <dependency>
27         <groupId>com.alibaba</groupId>
28         <artifactId>easyexcel</artifactId>
29         <version>3.0.5</version>
30     </dependency>
31     <dependency>
32         <groupId>org.projectlombok</groupId>
33         <artifactId>lombok</artifactId>
34     </dependency>
35     <dependency>
36         <groupId>io.springfox</groupId>
37         <artifactId>springfox-swagger-ui</artifactId>
38         <version>3.0.0</version>
39     </dependency>
40     <dependency>
41         <groupId>io.springfox</groupId>
```

```
42              <artifactId>springfox-boot-starter</artifactId>
43              <version>3.0.0</version>
44          </dependency>
45  </dependencies>
```

3.application.yml全局配置

```
1   # mysql
2   spring:
3     datasource:
4        #MySQL配置
5        driverClassName:  com.mysql.cj.jdbc.Driver
6        url: jdbc:mysql://localhost:3306/flightinfo?serverTimezone=UTC
7        username: root
8   password: root
9   #启用application-dev文件
10    profiles:
11        active: dev
12  mybatis:
13    mapper-locations: classpath:mapper/*.xml
14    # type-aliases-package: com.example.demo.model
15  server:
16    port: 8080
17    #上传文件的配置
18    servlet:
19      multipart:
20        enable: true
21        #指定单个文件大小 默认为1M
22        max-file-size: 10MB
23        #设置总上传的数据大小
24        max-request-size: 10MB
25        # 当文件到达多少时进行磁盘写入
26        file-size-threshold: 20MB
```

4.application-dev.yml配置

```
1   # 本机配置文件
2   file:
3     #根路径
```

```
4    rootPath: http://localhost:8080/upimages/
5    #静态资源访问路径
6    staticPatternPath: /upimages/**
7    # 静态资源上传路径
8    uploadFolder: /home/AllFile/image/
```

5. 实体类（pojo）

在 com.flight.flightinfojava.pojo 包中新建 FlightInfo 实体类，参考代码如下：

```
1    @Data //需添加 lombok 依赖
2    public class FlightInfo {
3        private int flightid;
4        private String flightnum;
5        private String flydate;
6        private String starttime;
7        private String flytime;
8        private CityInfo startcity;
9        private CityInfo endcity;
10       private int seatnum;
11   }
```

在 com.flight.flightinfojava.pojo 包中新建 CityInfo 实体类，参考代码如下：

```
1    @Data
2    public class CityInfo {
3        private int cityid;
4        private String cityname;
5    }
```

6. 控制层（Controller层）

在 com.flight.flightinfojava.controller 包下新建 FlightController 类，代码参考如下：

```
1    @Api(tags = "航班信息控制层")
2    @RestController
3    public class FlightController {
4        @Autowired
5    FlightService flightService;
6
7        @ApiOperation(value = "分页查询所有航班信息")
```

```
8        @CrossOrigin //实现支持跨域访问
9        @PostMapping("/flight/getAllFlight/{currentPage}/{size}")
10       public JSONObject getFlight(@PathVariable("currentPage") int
11 currentPage,@PathVariable("size") int size){
12           return flightService.getAllFlightInfo(currentPage,size);
13       }
14
15       @ApiOperation(value = "插入一条Flight记录")
16       @CrossOrigin
17       @PostMapping("/flight/insertFlight")
18       public String insertFlight(@RequestBody JSONObject object){
19           Map map=new HashMap();
20           map.put("flightnum",object.getString("flightnum"));
21           map.put("flydate",object.getString("flydate"));
22           map.put("starttime",object.getString("starttime"));
23           map.put("flytime",object.getString("flytime"));
24           map.put("startcity",object.getInteger("startcity"));
25           map.put("endcity",object.getInteger("endcity"));
26           map.put("seatnum",object.getInteger("seatnum"));
27           return flightService.insertFlight(map);
28       }
29
30       @ApiOperation(value = "根据始发地和目的地查询航班")
31       @CrossOrigin
32       @PostMapping("/flight/queryFlight/{startCity}/{endCity}")
33       public JSONObject queryFlight(@PathVariable("startCity") int
34 startCity,@PathVariable("endCity") int endCity){
35           return flightService.queryFlight(startCity,endCity);
36       }
37
38       @ApiOperation(value = "修改一条Flight记录")
39       @CrossOrigin
40       @PutMapping("/flight/updateFlight")
41       public String updateFlight(@RequestBody JSONObject object) {
42           Map map=new HashMap();
43           map.put("flightnum",object.getString("flightnum"));
44           map.put("flydate",object.getString("flydate"));
45           map.put("starttime",object.getString("starttime"));
46           map.put("flytime",object.getString("flytime"));
```

```
47          map.put("startcity",object.getInteger("startcity"));
48          map.put("endcity",object.getInteger("endcity"));
49          map.put("seatnum",object.getInteger("seatnum"));
50          map.put("flightid",object.getInteger("flightid"));
51          return flightService.updateFlight(map);
52      }
53
54      @ApiOperation(value = "删除一条 Flight 记录")
55      @CrossOrigin
56      @DeleteMapping("/flight/deleteFlightById/{flightid}")
57      public String deleteFlightById(@PathVariable("flightid") int
58 flightid){
59          return flightService.deleteFlightById(flightid);
60      }
61
62      @ApiOperation(value = "批量删除")
63      @CrossOrigin
64      @PostMapping("/flight/BatchDelete")
65      public String BatchDelete(@RequestBody JSONArray array) {
66          //将 JSONArray 转化为 List集合
67          List<FlightInfo> flightInfos=array.toJavaList(FlightInfo.class);
68          return flightService.BatchDelete(flightInfos);
69      }
70
71      @ApiOperation(value = "导出数据")
72      @CrossOrigin
73      @GetMapping(value = "/flight/exportFlight")
74      public void exportFlight(HttpServletResponse response,String fileName)
75 throws IOException {
76          List<FlightInfo> list=flightService.exportFlight();
77          EasyExcelUtil.exportDefaultExcel(response, fileName,
78 Flight.class, list);
79      }
80
81      @ApiOperation(value = "查询所有航班")
82      @CrossOrigin
83      @GetMapping(value = "/flight/allFlight")
84      public JSONArray allFlight() throws IOException {
85          List<FlightInfo> list=flightService.exportFlight();
```

```
86          return   JSONArray.parseArray(JSON.toJSONString(list));
87      }
88
89      @ApiOperation(value = "上传文件")
90      @CrossOrigin
91       @PostMapping("/upload/uploadImage")
92      public String uploadImage(@RequestParam("file") MultipartFile
93 multipartFile, HttpServletRequest request) {
94          if(multipartFile.isEmpty()){
95              return "文件有误";
96          }
97          String dir="Photo";
98          return flightService.uploadImage(multipartFile,dir);
99      }
100
101     @ApiOperation(value = "echarts图表的请求")
102     @CrossOrigin
103     @PostMapping("/flight/echarts/")
104     public JSONArray echarts() {
105         return flightService.echarts();
106     }
107 }
108
```

在com.flight.flightinfojava.controller包下新建CityController类,代码参考如下:

```
1  @Api(tags = "城市信息控制层")
2  @RestController
3  public class CityController {
4      @Autowired
5      CityService cityService;
6
7      @ApiOperation(value = "获取全部城市")
8      @CrossOrigin
9      @GetMapping("/city/getAllCity")
10     public JSONObject getCity(){
11          return cityService.getCity();
12     }
13 }
```

7. 服务层（Service层）

在 com.flight.flightinfojava.service 包下创建 FlightService 接口，添加如下方法，参考代码如下：

```
1   public interface FlightService {
2       public JSONObject getAllFlightInfo(int Page,int size);
3       public String insertFlight(Map map);
4       public JSONObject queryFlight(int startcityid,int endcityid);
5       public String updateFlight(Map map);
6       public String deleteFlightById(int flightid);
7       public String BatchDelete(List<FlightInfo> flightInfos);
8       public List<FlightInfo> exportFlight();
9       public String uploadImage(MultipartFile multipartFile,String dir);
10      public JSONArray echarts();
11  }
```

在 com.flight.flightinfojava.service 包下创建 CityService 接口，添加如下方法，参考代码如下：

```
1   public interface CityService {
2       public JSONObject getCity();
3   }
```

在com.flight.flightinfojava.service.impl包下创建FlightService接口的实现类FlightServiceImpl，参考代码如下：

```
1   @Service
2   public class FlightServiceImpl implements FlightService {
3       @Autowired
4       FlightDao flightDao;
5
6       @Override
7       public JSONObject getAllFlightInfo(int currentPage,int size) {
8           int Page=(currentPage-1)*size;
9           JSONObject res=new JSONObject();
10          List<FlightInfo> flightInfos=flightDao.getAllFlightInfo(Page,size);
11          int total=flightDao.selectCount();
12          res.put("flightInfo",flightInfos);
13          res.put("total",total);
14          return res;
```

```
15          }
16
17          @Override
18          public String insertFlight(Map map) {
19              String msg;
20              int num=flightDao.InsertFlight(map);
21              if(num>0){
22                  msg="添加成功";
23              }else {
24                  msg="添加失败";
25              }
26              return msg;
27          }
28
29          @Override
30          public JSONObject queryFlight(int startcityid, int endcityid) {
31              JSONObject res=new JSONObject();
32              List<FlightInfo>
33  flightInfos=flightDao.queryFlight(startcityid,endcityid);
34              res.put("flightInfo",flightInfos);
35              return res;
36          }
37
38          @Override
39          public String updateFlight(Map map) {
40              String msg;
41              int num=flightDao.updateFlight(map);
42              if(num>0){
43                  msg="更新成功";
44              }else{
45                  msg="更新失败";
46              }
47              return msg;
48          }
49          @Override
50          public String deleteFlightById(int flightid){
51              String msg;
52              int num=flightDao.deleteFlightById(flightid);
53              System.out.println(num);
```

```
54              if(num>0){
55                  msg="删除成功";
56              }else{
57                  msg="删除失败";
58              }
59              return msg;
60          }
61
62          @Override
63          public String BatchDelete(List<FlightInfo> flightInfos) {
64              List<Integer> idList=new ArrayList<Integer>();
65              String msg;
66              for (int i=0;i<flightInfos.size();i++){
67                  idList.add(flightInfos.get(i).getFlightid());
68              }
69              int deletenum= flightDao.BatchDelete(idList);
70              if(deletenum>0){
71                  msg="批量删除成功";
72              }else{
73                  msg="批量删除失败";
74              }
75              return msg;
76          }
77
78          @Override
79          public List<FlightInfo> exportFlight() {
80              return flightDao.exportFlight();
81          }
82
83          @Value("${file.uploadFolder}")
84          private String uploadFolder;
85          @Value("${file.rootPath}")
86          private String rootPath;
87          @Override
88          public String uploadImage(MultipartFile multipartFile, String dir) {
89              try {
90                  //获取文件真实名
91                  String realfileName=multipartFile.getOriginalFilename();
92                  //获取文件格式
```

```
93              String
94  imgSuffix=realfileName.substring(realfileName.lastIndexOf("."));
95              //生成唯一文件名
96              String newFileName= UUID.randomUUID().toString()+imgSuffix;
97              //日期目录
98              SimpleDateFormat dateFormat=new
99  SimpleDateFormat("yyyy/MM/dd");
100             String dataPath=dateFormat.format(new Date());
101             File targetFile=new File(uploadFolder+dir,dataPath);
102             if(!targetFile.exists())targetFile.mkdirs();
103             //目标目录
104             File targetFileName=new File(targetFile,newFileName);
105             multipartFile.transferTo(targetFileName);
106             //返回路径可访问
107             String filename=dir+"/"+dataPath+"/"+newFileName;
108             return rootPath+filename;
109         } catch (IOException e) {
110             e.printStackTrace();
111             return "fail";
112         }
113     }
114
115     @Override
116     public JSONArray echarts() {
117       List<Map> maps=flightDao.echarts();
118       JSONArray array= JSONArray.parseArray(JSON.toJSONString(maps));
119         return array;
120     }
121 }
```

在com.flight.flightinfojava.service.impl包下创建CityService接口的实现类CityServiceImpl，参考代码如下：

```
1   @Service
2   public class CityServiceImpl implements CityService {
3       @Autowired
4       CityDao cityDao;
5
6       @Override
```

```
7        public JSONObject getCity(){
8            JSONObject res=new JSONObject();
9            List<CityInfo> cityInfos=cityDao.getAllCity();
10           res.put("cityInfo",cityInfos);
11           return res;
12       }
13 }
```

8.数据服务层(Dao 层)

在 com.flight.flightinfojava.dao 包下创建 FlightDao,参考代码如下:

```
1    @Repository
2    public interface FlightDao {
3        public List<FlightInfo> getAllFlightInfo(@Param("Page") int
4    Page,@Param("size") int size);
5        public int InsertFlight(Map map);
6        public List<FlightInfo> queryFlight(@Param("startcityid") int
7    startcityid, @Param("endcityid") int endcityid);
8        public int updateFlight(Map map);
9        public int deleteFlightById(@Param("flightid") int flightid);
10       public int BatchDelete(@Param("deleteFlight") List<Integer>
11   flightInfos);
12       public int selectCount();
13       public List<FlightInfo> exportFlight();
14       public List<Map> echarts();
15   }
```

在 resources 目录下新建 mapper 包,新建 FlightMapper.xml 文件,参考代码如下:

```
1    <?xml version="1.0" encoding="UTF-8"?>
2    <!DOCTYPE mapper PUBLIC "-//mybatis.org//DTD Mapper 3.0//EN"
3            "http://mybatis.org/dtd/mybatis-3-mapper.dtd">
4    <mapper namespace="com.flight.flightinfojava.dao.FlightDao">
5        <!--航班的 resultMap-->
6        <resultMap id="FlightMapper"
7    type="com.flight.flightinfojava.pojo.FlightInfo">
8            <id property="flightid" column="flightid"></id>
9            <result property="flightnum" column="flightnum"/>
10           <result property="flydate" column="flydate"/>
```

```
11              <result property="flytime" column="flytime"/>
12              <result property="seatnum" column="seatnum"/>
13              <result property="starttime" column="starttime"></result>
14              <association property="startcity"
15 javaType="com.flight.flightinfojava.pojo.CityInfo">
16                  <id property="cityid" column="startcityId"/>
17                  <result property="cityname" column="startcityName" />
18              </association>
19              <association property="endcity"
20 javaType="com.flight.flightinfojava.pojo.CityInfo">
21                  <id property="cityid" column="endcityId"/>
22                  <result property="cityname" column="endcityName" />
23              </association>
24      </resultMap>
25      <!--分页查询全部航班-->
26      <select id="getAllFlightInfo" resultMap="FlightMapper">
27          SELECT flightid,flightnum,flydate,flytime,c1.cityname as
28 startcityName ,c1.cityid as startcityId,c2.cityname as
29 endcityName,c2.cityid as endcityId,seatnum,starttime
30          from flightinfo f,cityinfo c1,cityinfo c2
31          WHERE   f.startcity=c1.cityid AND   f.endcity =c2.cityid
32          LIMIT #{Page},#{size};
33      </select>
34      <!--查询航班数-->
35      <select id="selectCount" resultType="java.lang.Integer">
36          SELECT count(*) from flightinfo
37      </select>
38      <!--插入航班-->
39 <insert id="InsertFlight" parameterType="map">
40 INSERT   INTO
41 flightinfo(flightnum,flydate,starttime,flytime,startcity,endcity,seatnu
42 m)
43 values(#{flightnum},#{flydate},#{starttime},#{flytime},#{startcity},#{e
44 ndcity},#{seatnum})
45      </insert>
46      <!--查询航班-->
47      <select id="queryFlight" resultMap="FlightMapper">
48          SELECT flightid,flightnum,flydate,flytime,c1.cityname  as
```

```
49    startcityName ,c1.cityid as startcityId,c2.cityname as
50    endcityName,c2.cityid as endcityId,seatnum,starttime from flightinfo
51    f,cityinfo c1,cityinfo c2   WHERE   f.startcity=c1.cityid  AND   f.endcity
52    =c2.cityid AND f.startcity=#{startcityid} AND f.endcity=#{endcityid}
53        </select>
54        <!--更新航班-->
55        <update id="updateFlight" parameterType="map">
56           update flightinfo set
57    flightnum=#{flightnum},flydate=#{flydate},starttime=#{starttime},flytim
58    e=#{flytime},startcity=#{startcity},endcity=#{endcity},seatnum=#{seatnu
59    m} where flightid=#{flightid}
60        </update>
61        <!--删除航班-->
62        <delete id="deleteFlightById">
63           delete from flightinfo   where flightid=#{flightid}
64        </delete>
65        <!--批量删除-->
66        <delete id="BatchDelete">
67           delete from flightinfo where flightid in
68           <foreach item="iditem" collection="deleteFlight" open="("
69    separator="," close=")">
70               ${iditem}
71           </foreach>
72        </delete>
73        <!--导出数据的mapper-->
74         <select id="exportFlight"
75    resultType="com.flight.flightinfojava.pojo.excel.Flight">
76           SELECT flightnum,flydate,flytime,c1.cityname as
77    startcity,c2.cityname as endcity,seatnum,starttime
78           from flightinfo f,cityinfo c1,cityinfo c2
79           WHERE  f.startcity=c1.cityid  AND   f.endcity =c2.cityid
80        </select>
81        <!--echarts图标请求的数据-->
82        <resultMap id="echartsMapper" type="java.util.Map">
83           <result column="flydate" property="flydate" jdbcType="VARCHAR" />
84           <result column="flycount" property="flycount" jdbcType="VARCHAR"
85    />
86        </resultMap>
```

```
87        <select id="echarts" resultMap="echartsMapper">
88          select flydate,count(*) as flycount from flightinfo group by
89 flydate LIMIT 0,7
90        </select>
91 </mapper>
```

在 com.flight.flightinfojava.dao 包下创建 CityDao,参考代码如下:

```
1  @Repository
2  public interface CityDao {
3      public List<CityInfo> getAllCity();
4  }
```

在 resources 目录下新建 mapper 包,新建 CityMapper.xml 文件,参考代码如下:

```
1  <?xml version="1.0" encoding="UTF-8"?>
2  <!DOCTYPE mapper PUBLIC "-//mybatis.org//DTD Mapper 3.0//EN"
3          "http://mybatis.org/dtd/mybatis-3-mapper.dtd">
4  <mapper namespace="com.flight.flightinfojava.dao.CityDao">
5      <select id="getAllCity"
6  resultType="com.flight.flightinfojava.pojo.CityInfo">
7          select cityid,cityname from cityinfo
8      </select>
9  </mapper>
```

9. 工具类层(utils 层)

在 com.flight.flightinfojava.util 包下添加如下工具类,解决跨域访问问题的 CorsConfig,参考代码如下:

```
1  @Configuration
2  public class CorsConfig implements WebMvcConfigurer
3  {   @Override
4      public void addCorsMappings(CorsRegistry registry) {
5          registry.addMapping("/**")//所有接口都支持跨域
6              .allowedOriginPatterns("*")//所有地址都可访问
7              .allowCredentials(true)
8              .allowedMethods("*")//"GET","HEAD","POST","PUT","DELETE",
9  "OPTIONS"
```

```
10                    .maxAge(3600);//允许跨域时间
11       }
12  }
```

10.测试运行

启动类添加如下注解：

```
1  @MapperScan("com.flight.flightinfojava.dao")
2  @SpringBootApplication
3  public class FlightInfoJavaApplication {
4      public static void main(String[] args) {
5          SpringApplication.run(FlightInfoJavaApplication.class, args);
6      }
7  }
```

运行 FlightInfoJavaApplication，启动服务进行测试，打开浏览器，键入 http://localhost:8080/flight/allFlight，结果如图 12−11 所示。

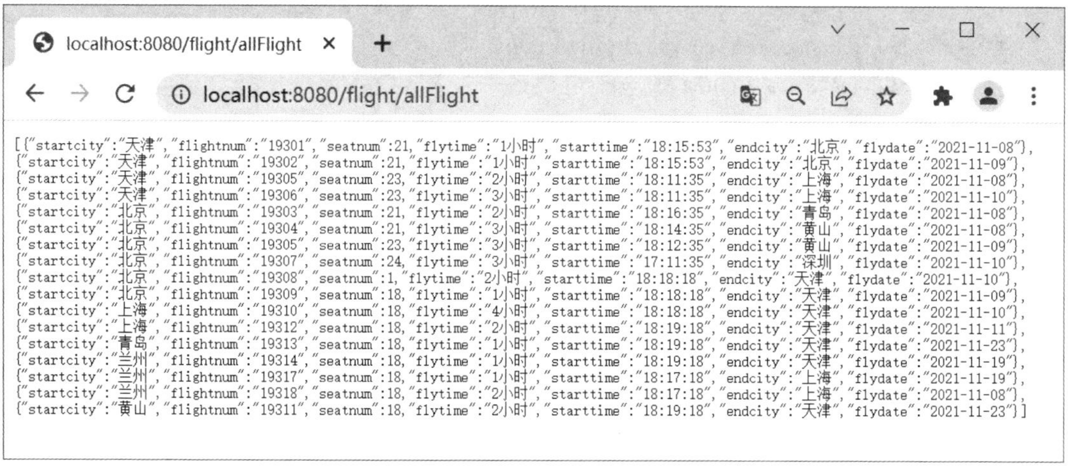

图 12−11　访问 allFlight 接口的 json 数据

12.2.3　前端部分——大前端开发工程师任务

说明，本部分是前端开发工程师的任务，因篇幅有限，本部分略。

读者可以下载配套项目源码，按照如下环境安装，导入，运行即可查看界面效果。

（1）前端开发环境安装。从 https://nodejs.org 网站下载 Node.js，默认安装并测试，如图 12−12 所示安装成功。

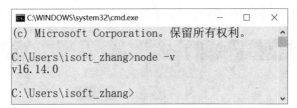

图 12-12　node.js 环境测试

（2）下载最新版本 WebStorm，安装并激活，新用户需要注册账号。如图 12-13 所示。

图 12-13　关于 WebStrom

（3）导入前端项目源码，结构如图 12-14 所示。

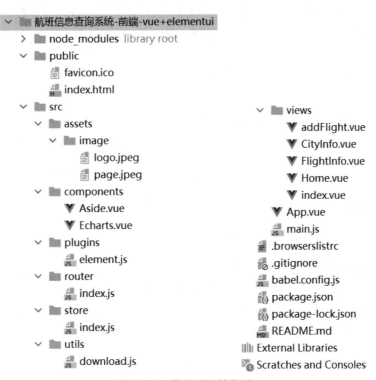

图 12-14　前端项目结构图

（4）配置运行环境,运行后结果如图12-15所示。

图12-15　航班信息查询

本章小结

本章内容主要介绍了项目背景,了解什么是前后端分离,如何设计数据库,以及从开发角色分工的角度介绍了数据库工程师,后端工程师,以及前端工程师的任务。

本项目亮点明确,功能结构简单,适合新入门读者。

> 我们不可能写出完美软件,作为一个开发者,必须要随时更改错误,要及时做好防御性的编程。
>
> 祝大家在开发的路上一帆风顺!
>
> ——Java领路人

经典面试题

1.你都用过哪些开发工具?

2.你的项目中用过哪些技术? 你最擅长的是什么技术?

3.开发过程中,如何保证开发质量?

4.软件开发生命周期是什么?

5.你怎么理解前后端分离技术?